漫步上海老房子

修订版

吴飞鹏 著

生活·讀書·新知 三联书店

Copyright © 2025 by SDX Joint Publishing Company.
All Rights Reserved.
本作品版权由生活·读书·新知三联书店所有。
未经许可，不得翻印。

图书在版编目（CIP）数据

漫步上海老房子/吴飞鹏著．—修订版．—北京：
生活·读书·新知三联书店，2025.7．—ISBN 978-7
-108-08117-9

Ⅰ.TU241.5
中国国家版本馆CIP数据核字第2025KZ1244号

责任编辑　麻俊生
封面设计　储　平
责任印制　洪江龙
出版发行　生活·讀書·新知 三联书店
　　　　　（北京市东城区美术馆东街22号）
邮　　编　100010
印　　刷　上海丽佳制版印刷有限公司
排　　版　南京前锦排版服务有限公司
版　　次　2025年7月第1版
　　　　　2025年7月第1次印刷
开　　本　880毫米×1230毫米　1/32　印张　7.125
字　　数　190千字
定　　价　58.00元

Contents 目录

第 1 站　大都会的发祥地：外滩　1

外滩源 ⟋3　英国驻沪总领事馆旧址、新天安堂、教会公寓、划船俱乐部旧址

圆明园路 ⟋4　真光大楼、兰心大楼、协进大楼、哈密大楼、女青年会大楼、圆明园公寓、安培洋行大楼、慎昌洋行大楼、益丰洋行大楼

虎丘路 ⟋6　中实大楼、亚洲文会大楼、广学会大楼、虎丘公寓、光陆大楼

香港路 ⟋6　银行公会大楼

北苏州路 ⟋7　原百老汇大厦、邮政总局大楼、河滨大楼

黄浦路 ⟋8　原礼查饭店、俄罗斯驻沪总领事馆

中山东一路 ⟋9　外滩信号台、亚细亚大楼、上海总会大楼、有利大楼、日清大楼、中国通商银行大楼、大北电报公司大楼、轮船招商总局大楼、汇丰银行大楼、江海关大楼、交通银行大楼、华俄道胜银行大楼、台湾银行大楼、原《字林西报》大楼、麦加利银行大楼、原汇中饭店、原华懋饭店、中国银行大楼、横滨正金银行大楼、扬子保险公司大楼、怡和洋行大楼、格林邮船大楼、东方汇理银行大楼

福州路 ⟋14　旗昌洋行旧址、正广和洋行旧址、工部局总巡捕房旧址、美国花旗总会大楼

福州路周边 ⟋15　圣三一堂、三菱银行大楼、大清银行大楼、公共租界工部局大厦、仁记洋行大楼、业广地产公司大楼、电信博物馆、圣若瑟教堂、四行储蓄会联合大楼

1

第2站　远东商业潮流地：南京路　18

南京东路 20　永安新厦、永安百货、先施大楼、新新公司旧址、大新公司旧址

南京西路及周边 22　国际饭店、大光明电影院、跑马厅钟楼、长江公寓、慕尔堂、上海音乐厅、大世界游乐场

第3站　幽静思南路　时尚新天地　26

思南路 28　思南公馆、梅兰芳旧居、周公馆、张静江旧居、薛笃弼旧居、陈长蘅旧居、思南西苑、卢汉旧居、上海文史研究馆

思南路周边 29　孙中山故居及纪念馆、龚品梅寓所、张学良旧居、圣尼古拉斯教堂、诸圣堂、柳亚子旧居、复兴坊、思南公馆宴会厅、震旦博物院旧址、万宜坊、重庆公寓、巴黎公寓、巴黎新村、圣伯多禄教堂

新天地 32　新天地1号会所、石库门博物馆、丁玲和胡也频旧居、大韩民国临时政府旧址、尚贤坊、法租界公董局旧址

第4站　风月无边新乐路　34

新乐路 36　圣母大堂、金廷荪公馆、胡蝶旧居

东湖路 37　原大公馆、比利时领事馆旧址、杜月笙公馆

长乐路 38　周信芳旧居、合众图书馆旧址、宝礼堂旧址、蒲园

巨鹿路 39　巨鹿花园、朱屺瞻旧居、四明村、爱神花园

茂名南路周边 40　华懋公寓、峻岭公寓、花园饭店、国泰大戏院、人民坊、淮海坊、马勒别墅

第 5 站　高贵华山路　典雅武康路　43

华山路 46
大胜胡同、蔡元培旧居及纪念馆、海格公寓、熊佛西楼、美国学校旧址、枕流公寓、孙家花园、丁香花园、郭棣活旧居、白杨旧居、汇丰银行大班旧居、范园、兴国宾馆、原复旦公学

泰安路 50
卫乐园、黄佐临旧居、贺子珍旧居、周谷城旧居、杜宣旧居、贺绿汀旧居

武康路 51
北平研究院院址、黄兴旧居、意大利领事馆旧址、武康庭、郑洞国旧居、开普敦公寓、密丹公寓、巴金旧居及纪念馆、正广和大班旧居、陈立夫旧居、唐绍仪旧居、颜福庆旧居、莫觞清旧居

武康路周边 53
菲律宾驻沪领事馆旧址、巨拨莱斯公寓、吴国桢旧居、张乐平旧居、外侨公寓、自由公寓、湖南别墅、赵丹旧居、毕青旧居、英国驻沪领事馆旧址、麦琪公寓、卫乐公寓、玫瑰别墅、柯灵旧居及纪念馆、武康大楼

第 6 站　音符缥缈汾阳路　往事回味建国西路　57

宝庆路 59
周宗良旧居、劳莱德学校旧址、花园住宅

桃江路 60
周仁旧居、俞济时旧居、宋庆龄旧居

复兴中路 61
克莱门公寓、新康花园、黑石公寓、伊丽莎白公寓

汾阳路 62
海关俱乐部旧址、犹太俱乐部旧址、丁贵堂官邸、法租界公董局总董官邸旧址、白崇禧旧居

东平路 64
席家花园、孔祥熙旧居、爱庐、宋子文旧居

安亭路 66
金司林公寓、安亭别墅、安第纳公寓、花园住宅

高安路 67
阿麦伦公寓、励家花园、花园住宅、方建公寓

建国西路 69
陈三才旧居、中科院家属楼、汪精卫旧居、懿园、建业里、太子公寓、董浩云旧居、荣毅仁旧居

岳阳路 72
教育会堂、宋子文旧居、周信芳旧居、霖生医院旧址、公寓里弄住宅、法国驻沪领事馆旧址、中科院主楼

太原路 73
原马歇尔公馆、台拉别墅、汤恩伯旧居

永嘉路 74
孔祥熙旧居、荣智勋旧居、罗玉君旧居、永嘉新村、贲安旧居、唐蕴玉旧居、花园别墅

乌鲁木齐南路 75
朱敏堂旧居、孔令仪旧居、巨福公寓、夏衍旧居

3

第7站　陕西北路历史名人街 77

- **陕西北路** 80
  华业公寓、荣宗敬旧居、宋家花园、怀恩堂、许崇智旧居、董浩云旧居、犹太人住宅、何东旧居、崇德女中址址、西摩会堂

- **陕西北路周边** 83
  阮玲玉旧居、张爱玲出生地、张爱玲旧居、张园石库门、张园·丰盛里、王俊臣私宅、李荫轩私宅、吴培初旧居

- **北京西路** 87
  新共济会会馆旧址、陈咏仁旧居、难童医院旧址、雷士德医学院旧址、望德堂、伍廷芳旧居

- **北京西路周边** 89
  吴同文旧居"绿房子"、贝家花园、小德勒撒天主教堂

- **常德路** 92
  爱林登公寓

第8站　愚园路的记忆 93

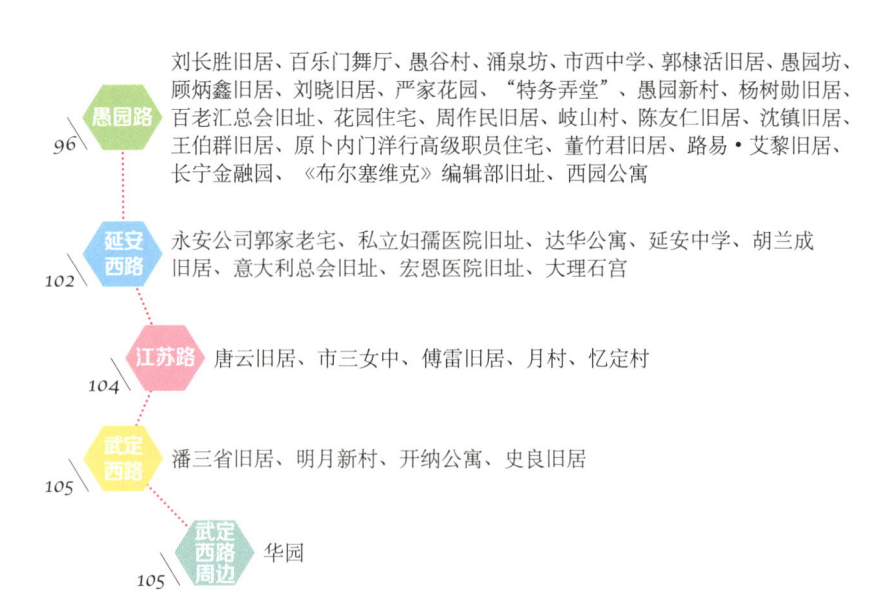

- **愚园路** 96
  刘长胜旧居、百乐门舞厅、愚谷村、涌泉坊、市西中学、郭棣活旧居、愚园坊、顾炳鑫旧居、刘晓旧居、严家花园、"特务弄堂"、愚园新村、杨树勋旧居、百老汇总会旧址、花园住宅、周作民旧居、岐山村、陈友仁旧居、沈镇旧居、王伯群旧居、原卜内门洋行高级职员住宅、董竹君旧居、路易·艾黎旧居、长宁金融园、《布尔塞维克》编辑部旧址、西园公寓

- **延安西路** 102
  永安公司郭家老宅、私立妇孺医院旧址、达华公寓、延安中学、胡兰成旧居、意大利总会旧址、宏恩医院旧址、大理石宫

- **江苏路** 104
  唐云旧居、市三女中、傅雷旧居、月村、忆定村

- **武定西路** 105
  潘三省旧居、明月新村、开纳公寓、史良旧居

- **武定西路周边** 105
  华园

4

第 9 站　大师杰作新华路　107

- **新华路** 109：花园别墅、德式住宅、花园住宅群、中式花园住宅、花园住宅、李佳白旧居、荣漱仁旧居、盛重颐旧居、薛福生旧居、周均时旧居、陈香梅与陈纳德旧居、FICS 新华 365、金润痒旧居、梅泉别墅、张君然旧居
- **番禺路** 113：邬达克旧居及纪念馆、孙科旧居、哥伦比亚乡村俱乐部、"外国弄堂"、M+ 幸福里创意园区、詹姆斯·格雷厄姆·巴拉德旧居
- **法华镇路** 117：法华寺遗址、正始中学旧址

第 10 站　舟山路与犹太人　118

- **舟山路** 120：布鲁门萨尔旧居
- **霍山路** 120：百老汇大戏院旧址、远东反战大会旧址、霍山公园、美犹联合救济委员会旧址
- **长阳路** 122：摩西会堂旧址、犹太难民收容所旧址、白马咖啡馆、提蓝桥监狱

第 11 站　河边的沙泾路　126

- **沙泾路** 128：1933 老场坊、巴洛克式建筑、沙泾港
- **哈尔滨路** 129：哈尔滨大楼、虹口救火会旧址、嘉兴路巡捕房旧址
- **哈尔滨路周边** 131：嘉兴大戏院旧址、原基督复临安息日会沪北会堂、景灵堂、善导女子初级中学、丁玲旧居、西本愿寺、景林庐、本圆寺上海别院、恩德堂、恩德堂神职人员住宅

第 12 站　长海路的城市记忆　135

- **长海路** 137：旧上海特别市政府大楼、旧上海市立医院、旧上海市立博物馆、中国航空协会"飞机楼"
- **长海路周边** 141：旧上海市立图书馆、上海体育场旧址、叶家花园
- **邯郸路** 143：复旦大学、老校门、相伯堂、简公堂、景莱堂、子彬楼、奕住堂、相辉堂、寒冰馆、东宫、复旦大学第九宿舍楼、陈望道旧居、苏步青旧居、谈家桢旧居

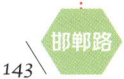

第 13 站　世外桃源虹桥路　148

虹桥路 150　美华村、白崇禧旧居"小白楼"、宋子文旧居、西班牙式别墅群、白崇禧旧居、上海国际舞蹈中心、上海盲童学校

虹桥路周边 153　虹桥疗养院旧址、上海总工会工人疗养院

第 14 站　激情岁月多伦路　155

多伦路 157　孔祥熙旧居、原宝亨利公馆、白崇禧旧居、郭沫若旧居、中国左翼作家联盟成立大会会址、赵世炎旧居、原中华艺术大学学生宿舍、夕拾楼、王造时旧居、原薛公馆、鸿德堂、公啡咖啡馆旧址

多伦路周边 160　茅盾旧居、鲁迅和周建人旧居、柔石旧居

四川北路 160　汤恩伯公馆、太阳社旧址、永安里、周恩来旧居、拉摩斯公寓、西童公学男校旧址、1927·鲁迅与内山书局、余庆坊、上海戏剧专科学校旧址、精武体育总会、广东大戏院

山阴路 164　内山完造旧居、中共江苏省委旧址、茅盾旧居、鲁迅旧居及陈列室、瞿秋白旧居

山阴路周边 164　李白旧居、日本海军特别陆战队司令部旧址、郭沫若旧居、曹聚仁旧居、鲁迅存书室、长春公寓、沙逊群楼

第 15 站　苏州河畔的万航渡路　167

万航渡路 169　原圣约翰大学、校长楼（4 号楼）、韬奋楼（怀施堂）、思颜堂、思孟堂、格致楼、校长住宅（24 号楼）、幼儿园（25 号楼）、小白楼、红楼图书馆、六三楼、体育室、树人堂、东风楼、交谊楼、圣玛利亚孤儿院（23 号楼）、校舍楼（21 号楼）、四尽斋

第16站　艺术田子坊 书香绍兴路　177

泰康路 179　田子坊

绍兴路 180　朱季琳旧居、中华学艺社旧址、法国警察博物馆旧址、金谷村、姚玉兰旧居、汉源书店旧址、杜月笙母亲旧居、张群旧居

绍兴路周边 183　原马立斯别墅、巴斯德医学研究所旧址、原圣玛利亚医院男病房大楼、原圣玛利亚医院外籍病房楼、秦鸿钧金神父路电台旧址、安和新村、花园别墅、亚尔培公寓、白尔登公寓、逸园跑狗场旧址、明复图书馆旧址、原同济德文医工学堂工科讲堂

第17站　漕溪北路上的徐家汇　190

漕溪北路 192　徐家汇圣母院旧址、徐家汇藏书楼

漕溪北路周边 193　徐家汇大修道院旧址、原徐汇公学、徐家汇天主堂、上海气象博物馆、土山湾博物馆、原南洋公学、中院、新中院、南洋公学图书馆、新上院、总办公厅、体育馆、工程馆

第18站　梧桐树下衡山路　197

衡山路 199　衡山坊、百代唱片旧址、贝当公寓、原毕卡第公寓、凯文公寓、集雅公寓、华盛顿公寓、沙利文公寓、国际礼拜堂、美童学校旧址、林巧稚旧居

衡山路周边 203　柯庆施旧居、丽波花园旧址、挪威驻沪领事馆旧址

附录一　苏州河边的老房子　204

附录二　邬达克上海建筑作品遗存　211

附录三　赉安上海建筑作品遗存　213

后记　217

修订版后记　218

第 1 站

大都会的发祥地：外滩

黄浦江　苏州河　交融萦绕

江河岸边

历史的印痕　失落的记忆　混杂的岁月

扑面而来

外滩漫步路线图

- 河滨大楼 北苏州路400号
- 邮政总局大楼 北苏州路276号
- 原百老汇大厦 北苏州路20号
- 俄罗斯驻沪总领事馆 黄浦路20号
- 原礼查饭店 黄浦路15号
- 广学会大楼 虎丘路128号
- 划船俱乐部旧址
- 光陆大楼 虎丘路146号
- 真光大楼 209号
- 新天安堂
- 教会公寓
- 虎丘公寓
- 兰心大楼 185号
- 圆明园路
- 英国驻沪总领事馆旧址 中山东一路33号
- 协进大楼 169号
- 银行公会大楼 香港路59号
- 哈密大楼 149号
- 东方汇理银行大楼 29号
- 虎丘路131号
- 女青年会大楼 133号
- 亚洲文会大楼 虎丘路20号
- 圆明园公寓 115号
- 格林邮船大楼 28号
- 安培洋行大楼 97号
- 中实大楼 虎丘路14号
- 益丰洋行大楼
- 怡和洋行大楼 27号
- 慎昌洋行大楼
- 扬子保险公司大楼 26号
- 圆明园路43号
- 横滨正金银行大楼 24号
- 仁记洋行大楼 滇池路100号
- 中国银行大楼 23号
- 业广地产公司大楼 滇池路120号
- 原华懋饭店 20号
- 陈毅广场
- 原汇中饭店 19号
- 麦加利银行大楼 18号
- 三菱银行大楼 九江路36号
- 原《字林西报》大楼 17号
- 台湾银行大楼 16号
- 华俄道胜银行大楼 15号
- 交通银行大楼 14号
- 四行储蓄会联合大楼 四川中路261号
- 江海关大楼 13号
- 圣三一堂 九江路219号
- 汇丰银行大楼 10—12号
- 公共租界工部局大厦 汉口路193号
- 大清银行大楼 汉口路50号
- 正广和洋行旧址 福州路44号
- 旗昌洋行旧址 福州路17—19号
- 轮船招商总局大楼 9号
- 大北电报公司大楼 7号
- 中国通商银行大楼 6号
- 工部局总巡捕房旧址 福州路185号
- 日清大楼 5号
- 美国花旗总会大楼 福州路209号
- 有利大楼 4号
- 上海总会大楼 2号
- 电信博物馆 延安东路34号
- 亚细亚大楼 中山东一路1号
- 外滩信号台
- 法船大楼 中山东二路9号
- 圣若瑟教堂 四川南路36号
- 太古洋行大楼 中山东二路22号

外滩漫步路线图

外滩源

位于苏州河南岸与黄浦江的交汇处,东起黄浦江,西至四川中路,北抵苏州河,南到滇池路。外滩源至今保留着一批拥有百年历史的西洋建筑,它们是外滩万国建筑博览群的源头,是中国近现代金融与贸易孕育和壮大的起源。

清晨,高远的蓝天伴着旖旎的风光,温润的空气伴着愉悦的心情。让我们开始漫步上海老房子吧!

外滩源是外滩万国建筑博览群的起点。1843年,英国殖民者首次在此划定了租界的南北界限。随后,租界逐步演变成两个:一个是法租界,另一个是英、美的公共租界。

中山东一路33号 英国驻沪总领事馆旧址 1849年,英国人在这片土地上首次租借房子,用于领事馆的办公和员工住宿。1870年,租借的房子遭遇火灾。1872年,他们在原址重建了2座"东印度式"的2层房子,由长廊相连,一座是英国领事馆,一座是领事馆官邸。这是我们目前能看见的外滩最早的西方建筑。今天,它们已经成为高档花园餐厅。

英国驻沪总领事馆旧址

新天安堂

南苏州路107号 新天安堂 当外滩出现第一座教堂的时候,人们竞相来到这里驻足张望。金发碧眼的洋人和新颖的建筑,令他们大开眼界。建于1886年的新天安堂至今犹在,只是东侧的礼拜堂在2007年被烧毁,直至2010年方被重建。1920年,

英国哲学家罗素曾在这座教堂演讲。

南苏州路 79 号 教会公寓 建于 1899 年，原为新天安堂的神职人员的宿舍，毕士莱洋行设计，新古典主义建筑风格，其南立面的钢结构外楼梯设计非常精致典雅。现为美容馆的场所。

南苏州路 76 号 划船俱乐部旧址 建成于 1905 年，英国维多利亚式建筑，原为英国侨民在苏州河沿岸建立的上海划船俱乐部，建筑群包括会所、游泳池和船库，以后经过多次扩建和改建。中国水上体育项目在此发端与发展。

划船俱乐部旧址

圆明园路

南起滇池路，北至南苏州路，全长 462 米。1860 年由上海公共租界工部局修筑。当年，中国早期的报社和洋行都聚集在这里。如今，它是一条宽阔的漫步道，也是外滩源重要历史建筑的风貌集锦。

带着几分古朴与庄重，典雅的历史建筑一字排开，由此形成的步行道如欧洲小镇一般静谧安详。漫步其中，你会感受到时间的凝固与建筑产生的节奏之美。

圆明园路 209 号 真光大楼 建于 1930 年，初始为浸信会办公大楼，由著名建筑设计师邬达克设计，邬达克的打样行曾经设在此楼的 801 室。

圆明园路 185 号 兰心大楼 建于 1927 年，为 7 层高的钢筋混凝土结构建筑。当时的国民政府外交部驻沪办事处就设于此。兰心大楼的前身为第一代兰心戏院的旧址。

女青年会大楼

圆明园公寓

圆明园路 169 号 协进大楼 建于 1923 年，为 6 层高的钢筋混凝土结构建筑。由会差建筑绘图事务所设计建造，折中主义风格，其第 3 层为协进会使用。

圆明园路 149 号 哈密大楼 建于 1927 年，当时的中央通讯社上海分社就设于此。抗战胜利后的 1946 年 9 月，因持抗日爱国立场被日伪迫令停刊的《文汇报》在此正式复刊。1947 年 5 月因积极支持国统区的民主爱国运动，《文汇报》被国民党当局查封，直到 1949 年上海解放，于 6 月 21 日在此再次复刊。

圆明园路 133 号 女青年会大楼 建于 1933 年，由著名建筑设计师李锦沛设计，带有中式风格。宋美龄的第一份工作就是在这里做秘书。

圆明园路 115 号 圆明园公寓 建于 1904 年，是上海最早的英式公寓，堪称红砖建筑的杰作。这座精美的建筑由加拿大人爱尔德设计，其在上海的另一个设计作品为凡尔登花园。

圆明园路 97 号 安培洋行大楼 建于 1907 年，由通和洋行设计，4 层砖木混合结构，清水红砖，砖饰精美。

圆明园路 43 号 慎昌洋行大楼 建于 1916 年，曾是慎昌洋行的办公楼。慎昌洋行创建于 1902 年，其创办人为丹麦人伟贺慕·马易尔。慎昌洋行以代理销售电器元件及纺织机器为主，后在杨树浦路开设了机器制造工厂和码头堆栈。1949 年后，机器制造工厂演变为上海锅炉厂和电站辅机厂。

北京东路 31—39 号 益丰洋行大楼 位于圆明园路与北京东路交界处，由玛礼逊洋行于 1906 年设计，1911 年建成，砖木混合结构，英国安妮女王复兴风格。红色砖墙大楼有一条 124 米长的沿街立面，顺着墙走一走，时间似乎凝固了。今为益丰外滩源。

益丰洋行大楼

虎丘路 南起北京东路，北至南苏州路，全长334米。1865年由上海公共租界工部局修筑，初名上圆明园路，1886年改为博物馆路，1943年更为今名。它比圆明园路短一些，与之背靠着背，共同组成外滩源不可分割的一部分。

虎丘路14号 中实大楼 建于1929年，通和洋行设计，6层钢筋混凝土框架结构，为新古典主义风格和折中主义风格结合的建筑，是中国实业银行总部的旧址。

虎丘路20号 亚洲文会大楼 建于1933年，由公和洋行设计的5层大楼，属于艺术装饰主义风格，曾是1874年英国皇家亚洲文会北中国支会博物院的所在地。

虎丘路128号 广学会大楼 建于1933年，由邬达克设计，它与背后的真光大楼各呈"L"形，组合成紧密的姐妹楼建筑。

虎丘路131号 虎丘公寓 由国际基督教青年会集资兴建于1919年，砖混结构，现代合院式公寓。

虎丘路146号 光陆大楼 建于1925年，是一座9层的钢筋混凝土结构建筑，因转角处曾开设光陆大戏院而得名。

香港路 东起虎丘路，西至江西中路。修筑于19世纪50年代，初名诺门路，1862年更为今名。虽然只是一条不足300米长的马路，却穿过了四川中路和江西中路，与它们共同成就了外滩源历史风貌区。

香港路59号 银行公会大楼 建于1925年，由中国建筑设计师过养默设计，钢筋混凝土结构，古典主义风格，正门入口是由科林斯式立柱构成的柱廊，柱高2层。由信成、中国通商、四明、浙江兴业等银行于1918年发起的金融团体"上海银行公会"曾经设立在此。

北苏州路 东起大名路,西至西藏北路,由上海公共租界工部局于 1887 年至 1905 年修筑,因位于苏州河北岸而得名。

北苏州路 20 号 原百老汇大厦 建于 1934 年,是一座外形庄重的高大建筑。18 楼餐厅的转角阳台是俯瞰浦江两岸景色的绝佳地点,曾经登临这里观景的世界各地要人不胜枚举。现为上海大厦。

北苏州路 276 号 邮政总局大楼 在外滩源漫步,总是会看见苏州河对岸的邮政总局大楼。这座拥有"远东第一大厅"美誉的雄伟的大楼建于 1924 年。现内设上海邮政博物馆。

北苏州路 400 号 河滨大楼 邮政总局大楼旁边就是曾经有"亚洲第一公寓"之称的河滨大楼,它最初的业主是当年上海滩的"房地产大王"沙逊集团。早在 1924 年,它就拥有 9 部电梯、11 个出入口,其豪华程度令人惊叹。

邮政总局大楼

黄浦路 坐落在外白渡桥的北堍,由上海公共租界工部局修筑于19世纪中叶,因位于黄浦江北岸而得名。

站在1907年建成的外白渡桥上远眺,浦东的摩天大楼和外滩的万国建筑博览群形成相隔百年的呼应,令人感慨万千。作为苏州河东端与黄浦江交汇处的第一座桥梁,外白渡桥承载了100多年的历史沧桑。

黄浦路15号 原礼查饭店 1857年,礼查饭店迁址于此。这里是中国第一盏电灯点亮的地方,也是中国第一家由外商投资的西式饭店,由英商阿斯脱豪司·礼查于1846年创建。1907年,饭店重新设计,并于1910年竣工,1922年,著名的孔雀厅舞厅竣工,自此,这座新古典主义风格的宏伟建筑又以新貌在江河交汇处屹立了百年之久。现为中国证券博物馆。

黄浦路20号 俄罗斯驻沪总领事馆 位于外白渡桥边,是一座有着绿色尖顶塔的3层白色建筑,竣工于1916年。这里曾经是俄罗斯帝国驻沪总领事馆、苏联驻沪总领事馆。

前排从左至右:原百老汇大厦、原礼查饭店、俄罗斯驻沪总领事馆

中山东一路 又称外滩，全长1.5千米，南起延安东路，北至外白渡桥。它面对上海的母亲河黄浦江，背靠一整排造型严谨、风格各异的新古典主义建筑。在它所拥有的众多赞美之词中，最为贴切的莫过于"东方华尔街"。曾经的十里洋场建筑群今日已格局大变，但不变的是它百年来始终备受尊崇，其光彩从未落幕。让我们从延安东路开始漫步，逐一探索外滩的建筑吧！

外滩信号台 外滩的标志性建筑之一，坐落于延安东路与外滩的交叉口。初建于1884年，用于发布气象信息。1907年，原信号台旁又落成了一座圆柱形的建筑，这就是我们今天看见的完整的信号台。1993年，在外滩的整体改造中，它被移动了20米。

中山东一路1号 亚细亚大楼 建于1913年，初始被称为麦边大楼，1917年因英商亚细亚石油公司的进驻而被改称为亚细亚大楼。建筑风格融合了典型的巴洛克风格与现代主义风格。

中山东一路2号 上海总会大楼 建于1909年，最初是英国总会所在地。20世纪初，外国名人商贾多聚集于此。随着中国经济的发展，这里逐渐有了中国商人的影子。20世纪30年代，此处改为上海总会。如今，它作为背后耸立的华尔道夫酒店的入口，不仅保留着拥有近百年历史的三角形西门子电梯，还有一座34米长的吧台。

中山东一路4号 有利大楼 建于1916年，由公和洋行设计，仿文艺复兴建筑风格，兼有新古典主义的韵味，为上海第一幢钢结构大楼，钢材来自德国。

中山东一路5号 日清大楼 建于1921年，为德和洋行的设计作品，由日清汽船株式会社和一个犹太商人共同投资建造。德和洋行为英国建筑师亨利·雷士德、马立师和约翰逊所创办。后来，建筑师雷士德转战房地产实业，成为比肩沙逊、哈同的富商。

外滩信号台

上海总会大楼

中国通商银行大楼

中山东一路 6 号 中国通商银行大楼 这里原是 1897 年建成的 3 层建筑,当时为一家拍卖行。1906 年翻建后,成为中国第一家银行——通商银行的所在地,金融家盛宣怀曾在这里工作。后来,通商银行划归中国人民银行,大楼归长江轮船公司使用。该大楼由玛礼逊洋行设计,哥特式建筑风格,4 楼的南面有一个观光平台,景色甚佳。

中山东一路 7 号 大北电报公司大楼 一座严格按照欧洲文艺复兴风格建造的 4 层大楼。它对称、稳重、统一,三段式外立面,屋顶的两个黑色穹隆和繁复和谐的外立面引人入胜。1882 年,大北电报公司在此建立了上海第一家电话交换所,成为中国电话通信的鼻祖。1906 年至 1907 年,该公司在原址重新设计建成新楼,即我们今日所见。

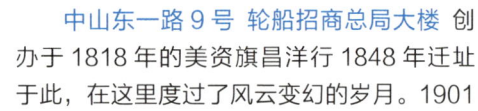

大北电报公司大楼

中山东一路 9 号 轮船招商总局大楼 创办于 1818 年的美资旗昌洋行 1848 年迁址于此,在这里度过了风云变幻的岁月。1901 年,轮船招商局重建该楼,由玛礼逊洋行设计,底层外墙石砌,上面两层为清水红砖,拱门窗,柯林斯双柱外廊,内部楼梯有十分华美的雕刻。

中山东一路 10—12 号 汇丰银行大楼 建于 1923 年,门口的三扇青铜大门和两个黑色石狮子为英国制造。推门而入,大理石圆柱环抱着门厅穹顶,壁画灿烂辉煌。"文革"时期,这片壁画被人用白漆覆盖而保护起来,直到 20 世纪 90 年代浦发银行进驻前,才在装修过程中被发现。

汇丰银行大楼

江海关大楼

中山东一路 13 号 江海关大楼 建于 1927 年,以一座仿英国国会大厦的大钟而闻名。楼内北面的木制旋转楼梯豪迈无比,大厅穹顶的帆船壁画用马赛克镶嵌而成。

中山东一路 14 号 交通银行大楼 建于 1948 年。19 世纪末,最初选址于此的是英国宝顺洋行,而后转手德国德华银行。1928 年,交通银行买下该楼,将总行由北京迁此。1951 年,上海市总工会进驻至今。

中山东一路 15 号 华俄道胜银行大楼 1895 年,沙皇俄国与法国共同出资成立

华俄道胜银行大楼

华俄道胜银行。该大楼建于 1902 年,由德商培高洋行设计,外观为文艺复兴风格。底层有高 3 层的大厅,彩绘玻璃天棚和回廊如梦如幻。现为中国外汇交易中心。

中山东一路 16 号 台湾银行大楼 1895 年《马关条约》签订后,日本在台湾开设了"台湾银行"。1911 年,台湾银行在上海设立分行,就在这座大楼。现为招商银行。

中山东一路 17 号 原《字林西报》大楼 建于 1923 年,高 8 层,由德和洋行设计,顶层的两座塔楼为新古典主义风格,第 7 层檐下的男像柱为上海建筑不多见的样式。1850 年,英国人创办了上海第一张西文报纸《字林西报》,并兴建此楼。大楼建成后,报社将大部分房间出租给保险公司,著名的友邦保险公司曾于 1930 年进驻该大楼,直至 1951 年《字林西报》停刊。1998 年友邦保险重返 17 号大楼,更名为友邦大楼。现为友邦保险公司。

原《字林西报》大楼

中山东一路 18 号 麦加利银行大楼 建于 1923 年，由公和洋行设计。大门处的 4 根希腊式大理石立柱来自 200 年前的意大利教堂。曾是渣打银行驻中国总部。

中山东一路 19 号 原汇中饭店 建于 1906 年，由英籍犹太人沙逊重金投资兴建。玛礼逊洋行设计，属于新文艺复兴风格。1911 年 12 月 29 日，孙中山来沪，中国同盟会在此设宴，祝贺孙中山当选为中华民国临时大总统。1927 年，蒋介石和宋美龄在汇中厅举办订婚典礼。现为和平饭店南楼。

原汇中饭店

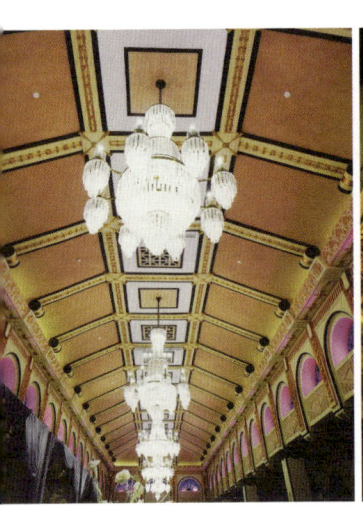

中山东一路 20 号 原华懋饭店 建于 1929 年，是由富商沙逊重金打造的豪华饭店，属于芝加哥学派哥特式建筑。90 多年来，它的豪华盛名和历史传奇一直广为流传，也成为不少著名电影的取景地点，如《和平饭店》《阮玲玉》等。现为和平饭店北楼。上面的照片分别是 8 楼的和平厅与底层大厅的巨型玻璃天棚。2 楼有和平饭店纪念馆。

中山东一路 23 号　中国银行大楼　原为德国总会，1914 年第一次世界大战爆发后，被中国政府接管。1922 年，中国银行投资整修，并入驻此处。1934 年，中国银行在这里重建大楼，并于 1937 年基本完工，建成了当时外滩唯一一座由中国人设计的摩天大楼。不过，在沙逊的百般阻挠下，原本按设计应高于隔壁和平饭店的中国银行大楼，最终被迫改为低于和平饭店 60 厘米，可见当时沙逊集团的强势和霸道。这 60 厘米饱含的屈辱，如今与陆家嘴的一座座摩天大楼相映照，记录着历史的沧桑巨变。

左侧为和平饭店，右侧为中国银行大楼

中山东一路 24 号　横滨正金银行大楼　原为沙逊洋行旧址，后被日本横滨正金银行买下，并于 1924 年由公和洋行在原址上重建了这座古典主义风格的花岗石 6 层大楼。匈牙利建筑师邬达克开设的克利洋行也曾在此办公。

中山东一路 26 号　扬子保险公司大楼　建于 1917 年，落成于 1920 年，由公和洋行设计。现为中国农业银行。

中山东一路 27 号　怡和洋行大楼　竣工于 1922 年，是最早进入上海的贸易公司之一——怡和洋行的办公楼。该建筑由马海洋行的英籍建筑师思金生设计，属于文艺复兴古典风格。

中山东一路 28 号　格林邮船大楼　又名蓝烟囱轮船公司大楼，建于 1922 年，文艺复兴风格建筑，由公和洋行设计。大门和边门均为月洞形，顶层有方形高台塔顶。

左侧为怡和洋行大楼，右侧为格林邮船大楼

中山东一路 29 号　东方汇理银行大楼　1914 年竣工，高 3 层，每层的层高 7 米以上，法国文艺复兴建筑风格，入口门廊额枋上的巴洛克涡卷式断裂山花十分精美，底层的基座采用花岗石贴面，2 层的门窗为帕拉弟奥组合窗，整个立面凹凸有致，庄重厚实。东方汇理银行的总部在法国，1899 年在上海设立分行。新中国成立后，这里成为上海市公安局交通处。1996 年，光大银行入驻至今。

站在和平饭店9楼露台上南眺

福州路

东起外滩，西至西藏中路，全长1544米，是上海开埠前通往黄浦江边的四条"土路"之一。1864年筑路完成，初名布道路、教会路，翌年更名为福州路。20世纪初，这里逐渐发展成为一条文化街，到了晚上，则成为灯红酒绿的花花世界。如今，文化街的传统保留了下来。

福州路17—19号 旗昌洋行旧址 建于1856年至1860年的外廊式建筑，是外滩第一期建筑的遗存。

福州路44号 正广和洋行旧址 1874年，英商正广和洋行在上海开设分公司。1937年，英国商人出于对英国乡村的热爱，将该建筑设计成英式乡村别墅式。在古典意味浓重的汇丰银行大楼的后面，这样的木结构、乡村风格的低矮建筑非常醒目。

正广和洋行旧址

福州路 185 号 工部局总巡捕房旧址 这座外观庄重的 10 层高楼，曾是上海公共租界工部局总巡捕房，建于 1933 年，1941 年被日本人占用。1943 年，汪精卫政权接收公共租界后将这里改为上海市第一警察局中央分局。1949 年后，这里先后成为上海市公安局、保密局、安全局等。

福州路 209 号 美国花旗总会大楼 这是邬达克设计的又一巧克力色建筑，也是他早期的作品之一，建筑风格融合多家流派之长。

美国花旗总会大楼

福州路周边：

九江路 219 号 圣三一堂 建于 1869 年，是一座专门为英国侨民中的圣公会教徒服务的教堂，也是当时上海最早、最华丽的基督教教堂。1893 年，教堂的左侧又建了一座钟楼，钟楼内安置了八音大钟，可按圣诗的音节敲打。

九江路 36 号 三菱银行大楼 建于 1934 年，由德和洋行设计的古典主义风格的 5 层建筑，南立面的中门由 4 根多力克立柱支撑，内有罗马风格的穹隆顶。

汉口路 50 号 大清银行大楼 建于 1908 年，内部结构严谨，纵向三段式，建筑的转角处具有巴洛克风格，漂亮的转角塔顶十分引人注目。1912 年 2 月 5 日，中国银行在此宣告成立。

圣三一堂

汉口路193号 公共租界工部局大厦 始建于1914年，因第一次世界大战，建筑的施工进度缓慢，直到1922年11月才基本建成。大厦临街的3个转角皆向内凹，设计各不相同。2019年10月，工部局大厦开始大规模整修，曾经的风雨操场仅保留了一座当年的卫生处的红砖建筑，沿河南中路的建筑被拆除并被重建了新的建筑，工部局百年建筑得以四面围合起来。如今，这里为"外滩·老市府"创意园。

滇池路100号 仁记洋行大楼 建于1908年，属于维多利亚安妮女王时期建筑风格，曾经是老牌的英商仁记洋行。仁记洋行始创于1843年，以经营生丝、木材为主。

滇池路120号 业广地产公司大楼 建于1908年的红砖建筑，是当年颇为著名的业广地产公司的办公大楼。鼎盛时期，公司出租的房屋有3000多户。

延安东路34号 电信博物馆 1921年由丹麦大北电报公司建造的电报大厦，高6层，是经过改良的古典主义风格的建筑。现为电信博物馆，展示1871年后100多年来电信发展的历史。

仁记洋行大楼

四川南路36号 圣若瑟教堂 建于1860年，因位于洋泾浜（今延安东路）出口的黄浦江畔，又被称为"洋泾浜天主堂"。

四川中路261号 四行储蓄会联合大楼 1928年竣工，邬达克设计的又一个巧克力色的古典风格建筑。转角处的塔楼寄托着邬达克对故乡匈牙利的怀念之情。外立面的大理石雕花壁柱十分精美，其内部装饰更是极其讲究。

左侧为四行储蓄会联合大楼,右侧为大清银行大楼

第 2 站

远东商业潮流地：南京路

> 繁华之地　百年之久
>
> 曾经沧海桑田　怀旧的　是你的眼睛
>
> 曾经万种风情　弥漫的　是你的视线

南京路及周边漫步示意图

南京东路

东起中山东一路，西至西藏中路。这条上海修筑的第一条马路始建于1851年，当时只是外滩到河南中路的一条500米长的小路，被称为"花园弄"。1862年，花园弄已经修筑到了泥城浜（今西藏中路），1865年被定名为南京路，1945年更为今名。

早在1914年，南京路已经成为远东最大的商业中心。也就是这一年，澳大利亚华侨马英标来到了南京路，他要在这里建立一座远东最大的百货公司。直到1917年，人们才得以见到这座高7层的先施大楼。

1918年9月5日，先施公司对面的永安百货闪亮登场，从此开始了两家公司的激烈竞争。多年后，永安公司凭借灵活多变和超前的经营意识成为中国最大的百货公司。

1926年，先施大楼的西面又开了一家更大的公司——新新公司（现第一食品商店）。为区别于先施和永安以进口商品为主的销售策略，新新公司打出了以国货为主的旗号。为了吸引更多的客户，新新公司还在6楼设立了一座位于玻璃房里的广播电台。至此，南京路上三大百货公司形成了三足鼎立的局面。

1936年，新新百货的西面出现了一座高10层的大新百货（现第一百货），以其底层的廉价商品销售而轰动一时。南京路上的四大百货公司至此形成。

永安百货与高耸的永安新厦

先施大楼

南京东路 627 号 永安新厦 建于 1933 年，是高 21 层的美国现代式摩天大楼，呈三角形状，其 7 楼为娱乐场所"七重天"。

南京东路 635 号 永安百货 建于 1918 年，由香港永安公司在上海创办。

南京东路 690 号 先施大楼 这座建于 1917 年的大楼高 7 层，面向南京东路的骑楼、转角处的大钟和塔楼，都是其显著标志。先施公司在经营百货的同时，还经营东亚旅社及茶楼。

南京东路 720 号 新新公司旧址 建于 1925 年，屋顶有 2 层高的方形空心塔座，6 层有铁铸栏杆的长阳台。现为上海第一食品商店。

南京东路 800 号 大新公司旧址 建于 1934 年，10 层高的百货大楼，6 至 10 层曾经是大新游乐场。现为上海第一百货公司。

永安百货南侧的塔楼

南京东路步行街

左侧为大新公司旧址

南京西路及周边：

南京西路 170 号 国际饭店 建于 1934 年，是当时亚洲最高的建筑，有"远东第一高楼"之称。

南京西路 216 号 大光明电影院 原名大光明大戏院，建于 1928 年，由中国商人高永清与"华纳兄弟"创始人亚伯特·华纳合资成立。1933 年由邬达克设计重建，凭借豪华的设施被称为"远东第一电影院"。1953 年，改称为大光明电影院。

南京西路 325 号 跑马厅钟楼 建于 1933 年，继承了欧式建筑的传统风格。钟楼的主楼至今仍在，而跑马厅早已被人民公园所取代。游客可以进入钟楼内部，旋转的楼梯十分大气，其铁铸栏杆为马头的造型。现为上海历史博物馆。

国际饭店

黄河路 65 号 长江公寓 站在国际饭店西侧的黄河路上，可以一睹这座现代派风格公寓的风采。1950 年至 1952 年，张爱玲曾在长江公寓的 301 室居住了一年多。这是她在上海居住的最后一座公寓。

西藏中路 316 号 慕尔堂 1931 年竣工，是邬达克在上海设计的第二座教堂，具有美国学院派哥特式风格。教堂内富丽堂皇，堪称上海教堂建筑的经典之作。

长江公寓 　　　　　　　　　　慕尔堂

跑马厅钟楼

上海音乐厅

上海音乐厅入口大堂

延安东路 523 号　上海音乐厅 原为 1930 年开幕的南京大戏院，是上海第一座由中国设计师范文照设计建造的西欧古典风格的建筑。2002 年 12 月，为配合延安东路高架桥的建设，它被整体向南移动 66.48 米。

大世界游乐场塔楼

西藏南路1号 大世界游乐场 这座颇具特色的建筑,外观是西式的,内部装饰却是中式的。它竣工于1917年,近百年来一直吸引着人们的视线。原大世界游乐场以南北曲艺、游艺杂耍为特点,其中12面哈哈镜久负盛名,堪称镇店之宝。

大世界于1930年转由上海青帮头领黄金荣经营,从此名声大噪,生意更加兴隆。1951年,一张黄金荣在大世界门口扫地的照片刊登在报纸上,让人感受到时代的巨变。

2017年,在大世界游乐场开业100周年之际,它以非物质文化遗产展示中心的新角色恢复营业。

第 3 站

幽静思南路　时尚新天地

城市的一隅　静谧的思南路

低调的华贵　犹如雨后的法国梧桐树叶

走过　没有痕迹　生怕惊扰她的宁静

另一边　香风　甜蜜　快意

那是新天地的活跃与喧哗

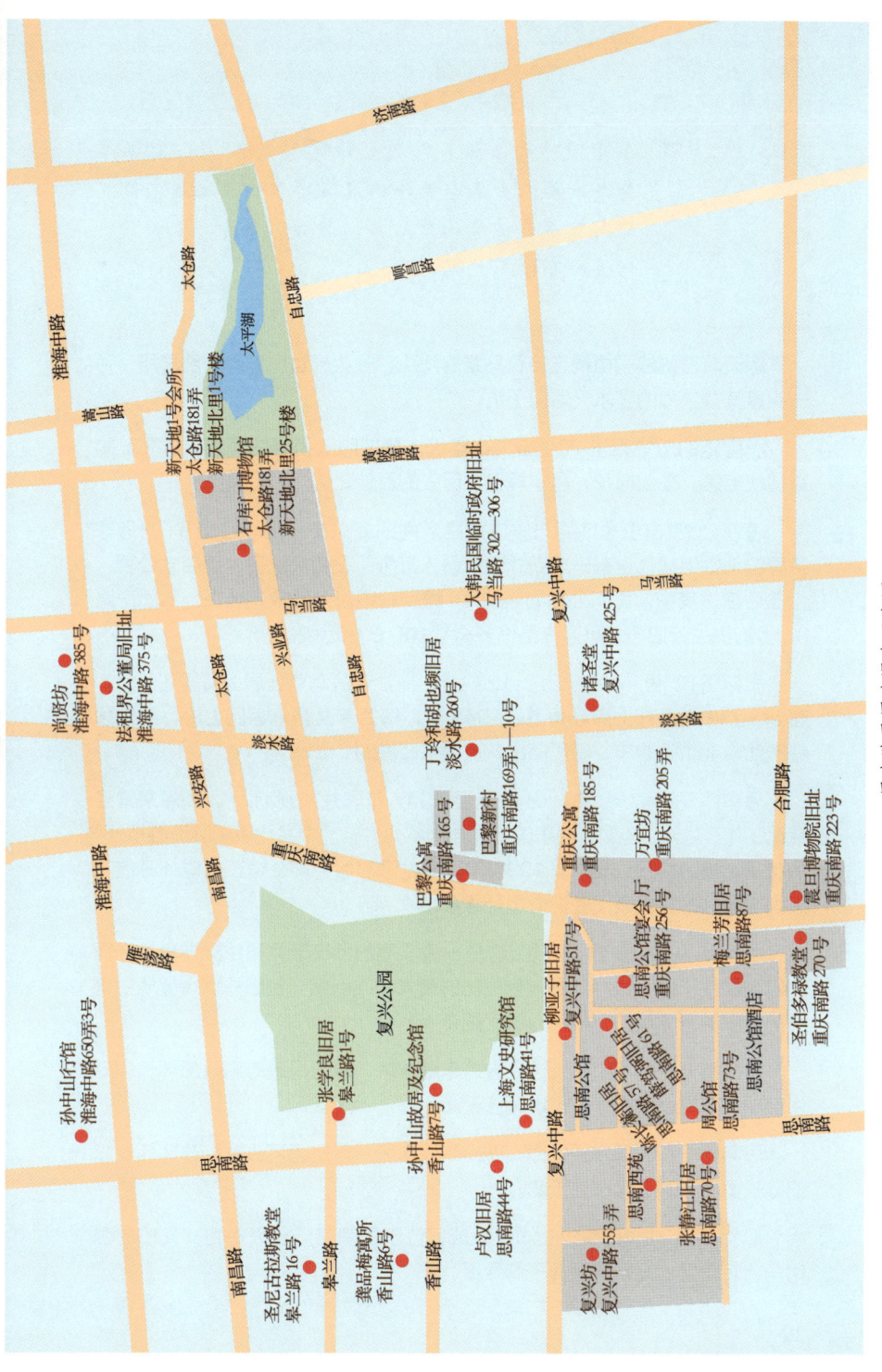

思南路及周边漫步示意图

思南路

属于旧时的法租界区域，始筑于 1914 年，初名马斯南路。虽然与繁华的淮海路仅一步之遥，但它却隐藏在喧哗的背后，以静谧、华贵、低调、恬淡而著称。

遮天蔽日的法国梧桐连接着马路的两头，一头是香风阵阵的淮海路，另一头是气氛热烈的艺术天地田子坊。

思南路的历史始于 20 世纪 20 年代，是按照法租界的规划要求开辟的高档住宅区。在此探秘，是了解租界历史的最佳之选。

思南公馆 位于思南路与重庆南路之间的复兴中路上。它由 51 幢形态各异的别墅组成，也有一些新式建筑融入其中，设有商业区、酒店式公寓、企业公馆。其中，思南公馆酒店的 15 幢别墅不对外开放，要想一睹思南路 87 号的梅兰芳旧居，可以去圣伯多禄教堂的 3 楼远眺。

思南路 87 号 梅兰芳旧居 1932 年，梅兰芳从北京迁居上海居住于此，直到 1938 年离开上海赴香港。1942 年，梅兰芳从香港返回上海，继续居住于此，他蓄须明志，深居简出，直至抗战胜利。

思南路 73 号 周公馆 1946 年至 1947 年国共谈判期间，周恩来曾经在此工作、生活。当时，由于国民党当局不允许挂"中共代表团驻沪办事处"的牌子，遂称"周公馆"。1986 年，经过修复后，周公馆正式对外开放，成为中国共产党代表团驻沪办事处纪念馆。

思南路 70 号 张静江旧居 这是一幢 3 层的西班牙风格独立洋房，张静江曾经居住于此。张静江是一位成功的商人和政治家，曾经捐赠大量钱物支持孙中山的革命活动，被称为"民国奇人"。

思南路 61 号 薛笃弼旧居 法式 3 层洋房，原国民政府内政部部长、卫生部部长薛笃弼曾于 1925 年居住于此。

思南路 57 号 陈长蘅旧居 法式 3 层洋房，曾在国民政府行政院任要职的陈长蘅于 1946 年居住于此。

思南西苑 由 10 幢独立洋房组成，位于思南路与复兴中路交叉口的西南角，转角处的几幢洋房属于商业区。

思南路 44 号 卢汉旧居 著名抗日爱国将领卢汉 20 世纪 40 年代曾居住于此。1949 年 12 月 9 日，卢汉率军在昆明起义，和平解放云南。

思南路 41 号 上海文史研究馆 这是一座建于 20 世纪 20 年代的西班牙花园住宅，曾一度被误传为袁世凯后人的私宅，后经查证，这位袁姓业主与袁世凯并无亲属关系。1953 年，上海文史研究馆在此成立。

思南西苑

思南路周边：

香山路 7 号 孙中山故居及纪念馆 这是一座西班牙风格的 3 层小洋房，由旅居加拿大的华侨集资买下，并捐赠给孙中山。1918 年至 1924 年，孙中山和夫人宋庆龄曾经居住于此。1922 年 8 月，孙中山在这里会见了中共代表李大钊先生。1925 年 3 月孙中山逝世后，宋庆龄继续居住在此，直到 1937 年。

香山路 6 号 龚品梅寓所 建于 1925 年,西班牙文艺复兴风格的 3 层花园住宅,南立面中部的连续拱券和雕饰十分具有美感。其最初的居住者为原天主教上海教区的主教龚品梅。

皋兰路 1 号 张学良旧居 建于 20 世纪 30 年代中期的西班牙风格的花园洋房。1933 年至 1934 年,这里曾经是张学良和赵一荻居住的地方,现为宾馆。楼前的花园现称"荻园"。

皋兰路 16 号 圣尼古拉斯教堂 建于 1932 年至 1934 年,拜占庭式的建筑,含苞待放般的穹顶格外吸引人。这里曾经是侨居上海的俄罗斯人的心灵故乡。如今,教堂已更新为美轮美奂的诗歌主题书店。

复兴中路 425 号 诸圣堂 1925 年由美国圣公会出资建造,红砖尖顶,门廊设圆形玫瑰图案,西北角方形钟楼的砖饰非常精美。内部简洁而不失肃穆与安详的气氛,四周墙壁均为红砖铺设,非常古典。这里于 1985 年设立了盲人礼拜,是诸圣堂的特色之一。

圣尼古拉斯教堂

复兴中路 517 号 柳亚子旧居 1926 年建成的法式 3 层洋楼,曾经是冯玉祥的府邸。1936 年,南社创办人、诗人柳亚子租下了这幢洋房。

复兴中路 553 弄 复兴坊 建于 1927 年的弄堂建筑,初名辣斐坊。共有 95 幢,现为历史保护建筑。复兴坊 1 号为妇女运动领袖史良的旧居;8 号为廖仲恺夫人何香凝的旧居;16 号为杜月笙的四姨太姚玉兰的旧居。

诸圣堂

重庆南路 256 号 思南公馆宴会厅 这里曾是天主教圣伯多禄晓星小学的所在地,后成为重庆南路第一小学。这幢维多利亚时代安妮女王复兴风格的外廊式建筑建于 20 世纪 20 年代,1999 年被旋转了 90 度,正好位移于重庆南路第一小学旧址上,已成为思南公馆酒店的天然屏障。

震旦博物院旧址的西立面属于装饰艺术风格

重庆南路 223 号 震旦博物院旧址 建于 1930 年，为赉安洋行设计的装饰艺术风格的建筑，原为震旦博物院，是中国第一家以动植物标本展示的博物院，由法国天主教耶稣会会士韩德禄创建。现为中国科学院所属机构。

重庆南路 205 弄 万宜坊 建于 1928 年至 1932 年的法式 3 层弄堂建筑，弄内有 4 排建筑，共 90 个单元，沿街的一排建筑有 11 个单元。近代中国著名记者、出版家邹韬奋 1930 年至 1936 年曾经居住在万宜坊 54 号，此处现为邹韬奋旧居及纪念馆。

重庆南路 185 号 重庆公寓 1931 年竣工，钢筋混凝土结构的 5 层公寓建筑，转角处主入口的出挑的阳台和内院的圆形喷水池是其主要特征。1939 年，著名的美国女记者史沫特莱曾经租住于此。

重庆南路 165 号 巴黎公寓 为 1 栋坐东朝西的 4 层钢筋混凝土公寓建筑（后加建 1 层），建筑面积 4577 平方米，沿街是一个长长的立面，竣工于 1936 年，由法商中国建业地产公司开发，赉安洋行设计建造。

重庆南路 169 弄 1—110 号 巴黎新村 始建于 1912 年，由法商中国建业地产公司开发，于 1936 年与巴黎公寓同年竣工。巴黎新村 4 号为钢琴家傅聪的旧居；8 号为蒋介石的前妻陈洁如的旧居，她于 1933 年居住于此，于 1962 年迁居香港。

重庆南路 270 号 圣伯多禄教堂 初建于 1933 年，由赉安洋行设计，为拜占庭式的建筑风格。目前所见的建筑是 1995 年在原址上重建的。

圣伯多禄教堂　　　　　　　　　　　圣伯多禄教堂内景

新天地 是由淮海中路、复兴中路、淡水路、黄陂南路框起的范围，也是上海第一次将老石库门建筑改建为商业经营的区域。漫步新天地，犹如时光倒流，老建筑、时尚餐厅、艺术小店在此演变成一曲交响乐章。

太仓路 181 弄新天地北里 1 号楼　新天地 1 号会所 这是新天地范围内被保存得最为完好的建筑，现为瑞安集团董事长罗康瑞的私人会所，适合商务宴请与私人约会。会所内的布置以优雅的老上海情调为主，罕见的古董和岁月的印痕赋予这座老房子独特的韵味。

太仓路 181 弄新天地北里 25 号楼　石库门博物馆 这座建筑位于新天地北里的兴业路上。虽然很小，却十分精致，游客可在此了解上海石库门建筑的历史与人文。

淡水路 260 号　丁玲和胡也频旧居　1924 年，丁玲和胡也频在北京结识。1925 年他们结婚并来到上海居住于此的二楼，1925 年秋天，胡也频和住在淡水路不远处的沈从文共同创办了红黑出版社（淡水路 268 号）。1931 年 1 月初，胡也频被捕，成为著名的左联五烈士之一。

马当路 302—306 号　大韩民国临时政府旧址　建于 1925 年的石库门建筑，外表虽然很普通，却吸引了众多游客来此参观。大韩民国临时政府于 1926 年迁入这里，1932 年撤离。1993 年 4 月旧址修复后正式对外开放。

淮海中路 385 号　尚贤坊　建于 1924 年的石库门建筑群。著名作家郁达夫曾经在这里与"杭州第一美人"王映霞一见钟情，自此，中国文坛又多了一段轰轰烈烈的爱情故事。如今，尚贤坊经过保护性改造，已打造成尚贤坊石库门建筑与一栋高楼组成的淮海路新地标。

淮海中路 375 号　法租界公董局旧址　砖木结构的红砖建筑，原为 1909 年竣工的法国小学。1936 年，法租界公董局迁入此，直至 1943 年宣布解体。1958 年，这里成为比乐中学。1994 年中环广场写字楼开建，原公董局建筑成为写字楼的"裙房"，但至今仍然贵气不改，遗风犹存。

法租界公董局旧址

第 4 站

风月无边新乐路

随意的一瞥 记住了她的娇柔

往事在这里重演

历史的缘

故事的起点

新乐路及周边漫步示意图

街道

- 瑞金一路
- 延安中路
- 巨鹿路
- 长乐路
- 陕西南路
- 茂名南路
- 淮海中路
- 襄阳北路
- 襄阳南路
- 新乐路
- 东湖路
- 富民路
- 华亭路
- 延庆路
- 常熟路

地点标注

- 华懋公寓 长乐路189号
- 峻岭公寓 茂名南路50号
- 国泰大戏院 淮海中路870号
- 人民坊 淮海中路833弄
- 花园饭店 茂名南路58号
- 淮海坊 淮海中路927弄
- 马勒别墅 陕西南路30号
- 爱神花园 巨鹿路675号
- 四明村 巨鹿路626弄
- 蒲园 长乐路570弄
- 金廷荪公馆 新乐路82号
- 圣母大堂 新乐路55号
- 招鹂旧居 新乐路100弄29号
- 宝礼堂旧址 长乐路666号
- 杜月笙公馆 东湖路70号
- 比利时驻沪领事馆旧址 东湖路17号
- 原大公馆 东湖路7号
- 合众图书馆旧址 长乐路746号
- 朱屺瞻旧居 巨鹿路820弄12号
- 周信芳旧居 长乐路788号
- 巨鹿花园 巨鹿路889号

新乐路 不仅以老房子著称，更以精美的服饰小店和咖啡馆闻名。短短的小街，风月无边，漫步在此，时光倒流。小街四周都是有故事的马路，走一走，去寻找历史的痕迹吧。走累了，就找一家法式餐厅，坐下后，你会有种错觉，仿佛置身于欧洲小镇。

新乐路 55 号 圣母大堂 建于 1936 年，属于俄罗斯拜占庭风格，有 5 个象征烛火的塔顶，是上海仅存的两座东正教教堂之一。

新乐路 82 号 金廷荪公馆 建于 1932 年的中西合璧的建筑。原是黄金大戏院经理金廷荪的住宅，之后成为由金廷荪、黄金荣、杜月笙合股开设的三鑫公司的办公地点。现为潮流服装店。

新乐路 100 弄 29 号 胡蝶旧居 弄堂走到底右转，再到底就是 29 号。胡蝶是当时的影坛巨星，她曾经大红大紫，也曾经一路坎坷。后来她移居香港，1967 年息影。胡蝶的另一处故居为四川北路 1906 弄 52 号，紧邻多伦路。

俯瞰圣母大堂

圣母大堂内部的穹顶

东湖路

短小精致，与周边的延庆路、华亭路共同营造出淮海路旁的另一种低调优雅。每一条弄堂和每一幢别墅都凝聚着那个繁华岁月的记忆。倘若你有时间钻进弄堂深处，你将会看见时光的身影，心灵会如水沉静；若是找到一家心仪的咖啡馆，柔和的灯光正合你心意，那么，走进去吧！

东湖路 7 号 原大公馆 建于 1925 年，巴洛克式的法式建筑，内饰豪华。张爱玲的母亲从英国回来后就住在这里。张爱玲也跟着母亲去住，不愿意回到父亲的老宅。现为东湖宾馆 7 号楼。

东湖路 17 号 比利时驻沪领事馆旧址 建于 1921 年，红色屋顶和白色立面的建筑，折中主义风格，曾为比利时驻沪领事馆，也曾是《青年报》报社驻地，现为上海团市委驻地。

东湖路 70 号 杜月笙公馆 20 世纪 30 年代，时任财政部部长的宋子文将"航空奖券"的发行交给杜月笙包办，而杜月笙却将这机会给了金廷荪，令其发了大财。为感激杜月笙，金廷荪在东湖路 70 号建起了一座豪宅送给杜月笙。1937 年 8 月，当杜月笙准备乔迁新居时，淞沪之战爆发了，杜月笙急忙逃往香港。抗战胜利后，该建筑被杜月笙以 60 万美元的价格卖给了美国新闻处。现为东湖宾馆。

原大公馆

长乐路 全长3327米，东起淡水路，西至华山路，修筑于1914年至1943年，初名蒲石路，1943年更为今名。长乐路始终透露着一股淡淡的书卷气，也许是因为以收藏字画闻名的宝礼堂和合众图书馆都曾落址于此吧。

长乐路788号 周信芳旧居 建筑时间不详，假3层砖木结构的欧式独立住宅，占地面积667平方米，后院曾设有一个小剧场和一个小舞台。当年，京剧麒派创始人周信芳曾多次在此与梅兰芳切磋演技和唱腔。周信芳的后裔曾长期居住于此。

长乐路746号 合众图书馆旧址 合众图书馆于1939年8月由叶景葵、张元济创立，1941年落址于此。这是一座2层（转角处的塔楼为3层）砖混结构的建筑，1957年，建筑被加建了一层。合众图书馆的隔壁，长乐路752号为叶景葵旧居。叶景葵为民国著名实业家、藏书家；张元济则为"中国现代出版第一人"，中国近现代著名出版家、教育家，多年主持商务印书馆的工作，曾担任上海市文史馆首任馆长、公私合营商务印书馆董事长。

长乐路666号 宝礼堂旧址 建于20世纪20年代末，3层混砖结构的新古典主义风格花园洋房，红瓦斜坡屋面，主入口设露天的双抱大理石旋转阶梯，2层的客厅入口的两侧为爱奥尼克柱廊，整个建筑既庄重又不失华丽。这里曾经是藏有100多部宋元古版藏书的宝礼堂，主人是潘宗周，后由其子潘世兹继承。1951年，潘世兹将宝礼堂中的国宝捐给了北京图书馆，此后，又将宝礼堂捐赠给国家。后被改建为邮电医院。

长乐路570弄 蒲园 1942年竣工，由中国著名的女设计师张玉泉设计，一共有12幢3层的西班牙风格的花园住宅，最初为纪念法国军官蒲石而得名。蒲园的9号曾经居住过民国时期著名教育家、原国民党中央监察委员李石曾。

巨鹿路

老房子比较集中在陕西南路至华山路一段上,这条法国梧桐茂密的小路是不通公交车的。与富民路交界处是咖啡馆、餐厅聚集之地,而靠近华山路的一段则坐落着著名的巨鹿花园。巨鹿花园对面有12幢花园别墅连成一排,其中巨鹿路878号的孔祥熙旧居已翻新为全新的建筑,值得注意的是庭院里的巨型国际象棋棋盘上一盘没有下完的棋。

巨鹿路889号 巨鹿花园 内有9幢花园别墅,是1929年亚细亚火油公司投资兴建给外籍职员居住的住宅,大部分为北欧风格。现为酒店及高档餐厅。

巨鹿路820弄12号 朱屺瞻旧居 1938年竣工的新式里弄住宅,建筑的竖琴式外观很有特色。

巨鹿路626弄 四明村 建于1912年至1928年,是一条十分著名的弄堂。在此住过的名人有章太炎、泰戈尔、陆小曼和徐志摩等人。

巨鹿路675号 爱神花园 1931年竣工,喷水池中央的西洋少女雕塑是邬达克被爱国实业家刘吉生的爱情故事所感动而设计的,而这幢独特的建筑正是刘吉生送给爱妻的40岁生日礼物。现为上海作家协会。

爱神花园

茂名南路周边：

　　长乐路 189 号　华懋公寓　1925年动工，由犹太人沙逊投资建造，1929 年与外滩的华懋饭店（今和平饭店）同时建成。这是一幢高 57 米的英式建筑，早年居住于此的多为英国旅客。抗战胜利后，杜月笙也曾居住在这里。1948 年，张爱玲和姑姑离开爱林登公寓后曾在此短暂居住。现为锦江饭店北楼。

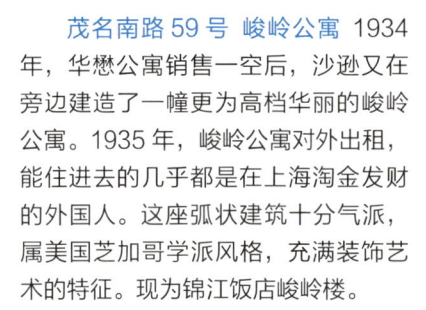

华懋公寓

　　茂名南路 59 号　峻岭公寓　1934年，华懋公寓销售一空后，沙逊又在旁边建造了一幢更为高档华丽的峻岭公寓。1935 年，峻岭公寓对外出租，能住进去的几乎都是在上海淘金发财的外国人。这座弧状建筑十分气派，属美国芝加哥学派风格，充满装饰艺术的特征。现为锦江饭店峻岭楼。

峻岭公寓

　　茂名南路 58 号　花园饭店　前身为新法国总会，竣工于 1926 年 1 月，有"远东最美建筑"的称号。当新的法国总会竣工后，原来在环龙路（南昌路）47 号的法国总会转变为法国公学。1949 年至 1959 年，法国总会变更为上海市体育运动总会，其巨大的网球场成为体育运动总会的室外运动场，而法国总会的建筑则成为文化俱乐部。1959 年，室外的运动场被改建为一座大花园。1960 年起，文化俱乐部又更名为锦江俱乐部。1984 年，日本野村证券集团投资将此改造为 5 星级花园饭店。

花园饭店

国泰大戏院

淮海中路 870 号 国泰大戏院 建于 1930 年,由鸿达洋行设计,钢筋混凝土结构,是一座典型的装饰艺术风格的建筑。1932 年 1 月 1 日,国泰大戏院正式对外营业。当天,它在《申报》上登出的广告语是:"富丽宏壮执上海电影院之牛耳,精致舒适集现代科学化之大成。"从此,它承载了中国戏剧史上的一段辉煌岁月。现为国泰电影院。

人民坊

淮海中路 833 弄 人民坊 建于 1922 年,有楼房 32 幢,初名为林达坊,是法租界早期里弄住宅,当时住在这里的大多是逃难来上海的俄罗斯人,沿淮海路的街面被他们用于经营商铺。

淮海中路 927 弄 淮海坊 建于 1924 年,初名霞飞坊,为新式里弄建筑群,共有 199 个单元建筑,由天主教普爱堂投资建设。如今,淮海中路 899 弄的 51 个单元的来德坊建筑,以及淮海中路 925 弄的 15 个单元的汾晋坊都被统称为淮海坊。庞大的建筑群曾经入住过不少名人,如 99 号为徐悲鸿旧居,33 号为胡蝶旧居,59 号为巴金旧居,64 号为许广平旧居。

淮海坊

41

马勒别墅

陕西南路 30 号 马勒别墅 童话世界般的马勒别墅建成于 1936 年，室外墙面全部采用耐火砖贴面，造型极具北欧风格，室内的地板、护墙板和楼梯全部由柚木制成。穹顶、彩色玻璃、木雕、水晶吊灯、阳光、旋转的楼梯……一切都呈现出斑斓的奇景。这是靠赛马致富的犹太人马勒精心打造的一座梦幻般的住宅，如今是人们品味下午茶的绝佳场所。

第 5 站

高贵华山路　典雅武康路

法国梧桐　碎了一地的阳光

掩映　红瓦白墙　精美的阳台

一条贵族的马路　一座欧式的小镇

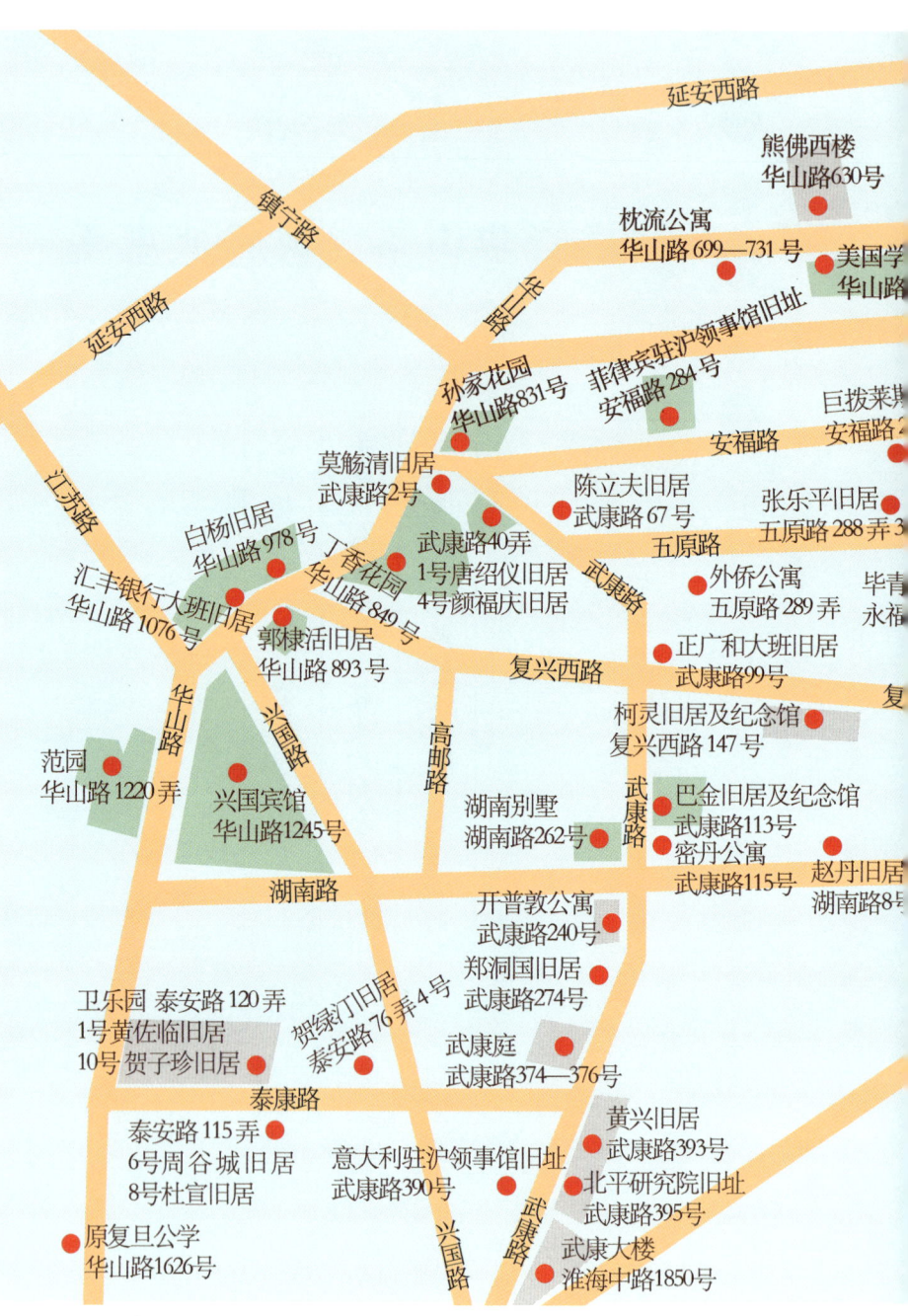

华山路、武康路及周边漫步示意图

- 熊佛西楼 华山路630号
- 枕流公寓 华山路699—731号
- 美国学 华山路
- 孙家花园 华山路831号
- 菲律宾驻沪领事馆旧址 安福路284号
- 巨拨莱斯 安福路
- 莫觞清旧居 武康路2号
- 陈立夫旧居 武康路67号
- 张乐平旧居 五原路288弄3
- 白杨旧居 华山路978号
- 丁香花园 华山路849号
- 武康路40弄 1号唐绍仪旧居 4号颜福庆旧居
- 外侨公寓 五原路289弄
- 毕青 永福
- 汇丰银行大班旧居 华山路1076号
- 郭棣活旧居 华山路893号
- 正广和大班旧居 武康路99号
- 柯灵旧居及纪念馆 复兴西路147号
- 范园 华山路1220弄
- 兴国宾馆 华山路1245号
- 湖南别墅 湖南路262号
- 巴金旧居及纪念馆 武康路113号
- 密丹公寓
- 赵丹旧居 湖南路8
- 武康路115号
- 开普敦公寓 武康路240号
- 卫乐园 泰安路120弄 1号黄佐临旧居 10号贺子珍旧居
- 贺绿汀旧居 泰安路76弄4号
- 郑洞国旧居 武康路274号
- 武康庭 武康路374—376号
- 泰安路115弄 6号周谷城旧居 8号杜宣旧居
- 意大利驻沪领事馆旧址 武康路390号
- 黄兴旧居 武康路393号
- 北平研究院旧址 武康路395号
- 原复旦公学 华山路1626号
- 武康大楼 淮海中路1850号

- 海格公寓 华山路370号
- 大胜胡同 华山路229—293弄
- 蔡元培旧居及纪念馆 华山路303弄16号
- 吴国桢旧居 安福路201号
- 自由公寓 五原路258号
- 修道院公寓 复兴西路62号
- 卫乐公寓 复兴西路34号
- 麦琪公寓 复兴西路24号
- 玫瑰别墅 复兴西路44弄
- 驻沪领事馆旧址 永福路200号

> **华山路** 全长4320米，北起愚园路，南至衡山路。1862年至1864年法租界当局越界筑路，初名徐家汇路。1921年更名为海格路，1943年更为今名。因其由李鸿章批准建造，沿路更有不少李家产业，故而被戏称为"一条马路有半条是李鸿章的"。它拥有两个大转弯，连接着上海法租界内最有名气的数条马路，黄金时代的遗风至今犹在。

华山路 229—285 弄 大胜胡同 建于 1912 年至 1936 年的大型里弄住宅，共有 116 幢 3 层砖木结构的建筑，外墙拉毛处理，窗口等凸出部位镶拼清水红砖边饰。因作为投资商之一的神父德拉蒙德来自北京，故取名"大胜胡同"。其中，华山路 263 弄 6 号为神父德拉蒙德为自己建造的英式建筑，建于 1930 年，南立面的正中位置有红砖砌筑的古典门廊，门廊上的方形柱砖雕刻精细而富有古罗马风格，门廊前有双抱阶梯抵达客厅的入口，阶梯两侧的护栏顶部设有大理石圆球，一派古典意味，门廊的两侧则为典型的英式乡村建筑风格。285 弄 35 号曾经居住过著名物理学家杨振宁。

华山路 303 弄 16 号 蔡元培旧居及纪念馆 这是一幢独立的砖木结构的花园别墅，蔡元培于 1937 年迁入这里，居住了一个多月，随后就去了香港。此后，这里一直是蔡元培家人的寓所，直至 1988 年蔡元培的小女儿去世。

华山路 370 号 海格公寓 建于 1925 年至 1934 年，由哈沙德洋行设计的钢筋混凝土结构的公寓大楼，高 8 层，装饰艺术派风格中略带西班牙风格。1992 年加建了 2 层。1977 年海格公寓被改建为静安宾馆。2023 年 12 月起，静安宾馆进行升级改造，并将不再延续宾馆的功能，成为服务式公寓，同时，恢复海格公寓的名称。

华山路 630 号 熊佛西楼 建于 1930 年，是典型的近代早期外廊式建筑。原为旅沪德国人的乡村俱乐部，1956 年起为上海戏剧学院所用。2000 年，为纪念著名的剧作家、戏剧教育家熊佛西先生而改名为熊佛西楼。

华山路 643 号 美国学校旧址 建于 1941 年，由亨利·雷士德基金会捐资兴建、马海洋行设计的砖混结构的 3 层建筑。1947 年，宋庆龄在这里创办了儿童艺术剧院。

华山路 699—731 号 枕流公寓 这里原是 1900 年由英资泰兴银行大班建造的花园住宅，后被李鸿章家族购得，业主为李鸿章的第三个儿子李经迈。1930 年，这里被翻建为 7 层的西班牙式的公寓大楼，由哈沙德洋行设计。这里曾经是众多文艺界名流居住过的公寓，影星周璇于 1932 年至 1957 年居住在公寓的 6 楼。

枕流公寓

华山路 831 号 孙家花园 建于 1918 年，是一幢 3 层的西班牙风格的建筑，曾经为上海阜丰面粉厂创始人孙多森、孙多鑫的住宅。

华山路 849 号 丁香花园 李鸿章之子李经迈的产业，是华山路上最为经典的花园别墅之一。园内的几幢建筑各具独特风格，其中式园林典雅美丽，尤其是长达 100 米的绿色琉璃瓦"龙墙"堪称一绝。

华山路 893 号 郭棣活旧居 建于 1947 年的现代派豪华建筑，人称"玻璃房"，因为建筑的贴面为玻璃砖，在当时是极其新颖的建筑材料。1948 年夏天，豪宅竣工后，它的主人——永安集团旗下永安纺织印染公司总经理郭棣活主持了盛大的庆祝活动，蒋介石、孔祥熙等要人纷纷致贺。

华山路 978 号 白杨旧居 建于 1936 年的现代派风格的别墅建筑，2 层与 3 层错落形成的平台非常有现代感。建筑为白色，缘自表演艺术家白杨的姓，也因其喜欢白色。

47

华山路 1076 号 汇丰银行大班旧居 这是建于 1916 年的花园洋房，建筑面积 1032 平方米，入口宽敞的门厅非常古朴与稳重，门厅上的露台更是浪漫至极，英式的乡村大斜坡屋面设有老虎窗，棕色的露木线条形状优美。

华山路 1220 弄 范园 建于 1916 年。8 号曾是浙江实业银行董事长李铭的住宅；10 号曾是横滨正金银行买办叶铭斋的住宅；20 号曾是徐志摩前妻张幼仪的旧居。范园的对面就是兴国宾馆的华山路大门，这所宾馆由多幢花园别墅组成，环境十分优雅。其中 1 号楼曾经是太古洋行大班的私宅。

华山路 1245 号 兴国宾馆 兴国宾馆的 1 号楼是太古洋行大班住的房子，竣工于 20 世纪 20 年代，1 号楼由建筑大师克列夫·威廉·埃利斯爵士设计。后来，在 7 万平方米的大花园里，与太古洋行有业务往来的公司也在周围购地建别墅，逐渐形成了一个花园别墅群。

兴国宾馆内的历史建筑

华山路 1626 号 原复旦公学 1905 年，由教育家马相伯和于右任创办复旦公学，原址在吴淞镇，1912 年迁址李鸿章祠堂（后更名为登辉堂），即现在的华山路 1626 号。1950 年后，复旦公学先后改为复旦大学附属中学和复旦中学。复旦公学旧址主要建筑有登辉堂和力学堂。登辉堂现为复旦中学校史馆。力学堂为纪念主要办校者之一的邵力子、傅学文夫妇，取名"力学堂"，现为复旦中学办公楼。

原复旦公学

泰安路

很短，仅500米多一点，却在穿过兴国路时跨越了长宁区和徐汇区。1919年至1943年，它曾经叫劳利育路。它的两端连接着两条著名的马路——华山路和武康路。

泰安路120弄 卫乐园 1924年，在大陆银行投资兴建31幢洋房之前，这里是一些街头艺人搭棚卖艺的地方，故称"卫乐园"。这些建筑都是3层的英式、法式或西班牙式的独立别墅，底层都有汽车间。细细观赏，那美观的阳台、雅致的门窗、斑驳的外墙，无一不让人流连。最值得一看的是入口处的雨棚上覆盖着的西班牙圆筒瓦，既简朴又不失优雅。

卫乐园1号 黄佐临旧居 这位著名的剧作家、话剧导演、上海人民艺术剧院的创始人，曾经长期居住在这里。

卫乐园10号 贺子珍旧居 1949年，在周恩来的安排下，从苏联回国的贺子珍在这里短暂居住，后来又住进了离这不远的湖南别墅。

泰安路115弄6号 周谷城旧居 建于1948年的3层独立别墅，中国著名的历史学家周谷城曾经长期居住于此。

泰安路115弄8号 杜宣旧居 这是一座美丽的3层独立洋房，小阳台、尖顶、漂亮的门饰、特征分明的入口都值得一看。这里曾经居住过著名的散文家、诗人、《文汇报》创始人之一杜宣。

泰安路76弄4号 贺绿汀旧居 贺绿汀1956年至1999年一直居住于此，长达43年。这位曾经的上海音乐学院院长，一生创作的歌曲无数，其中《马路天使》《十字街头》等电影音乐至今令人难忘。

贺子珍旧居

武康路 是法租界内名声最响的马路。这条斜斜弯弯的小路有着欧洲小镇一般的优雅与宁静,到了秋天法国梧桐金黄之时,满街的落叶伴着脚步的沙沙声,那是最为醉人的时刻。在上海,若要寻找情调与浪漫,没来武康路便是不完美的。

武康路 395 号 北平研究院旧址 建于 1926 年的白色巴洛克别墅建筑,20 世纪 50、60 年代曾经是上海电影演员剧团所在地。

武康路 393 号 黄兴旧居 这是一幢英国乡村风格的 2 层小楼,北楼为老房子艺术中心,南楼为近代民主革命家黄兴的旧居。

武康路 390 号 意大利驻沪领事馆旧址 这是一座有着浓郁地中海风格的建筑,建于 1932 年。敞廊、壁柱、弧形门廊、明亮的白色墙面,怎么看都有独特之美。

武康路 374—376 号 武康庭 这是武康路上的咖啡馆、酒吧、画廊的聚集地。378 号 8 楼餐厅的屋顶花园的视野不错,而且餐厅本身就是一个钟楼屋。

武康路 274 号 郑洞国旧居 郑洞国曾是国民党陆军中将,是最早抗日的国民党将领之一。

武康路 240 号 开普敦公寓 建于 1940 年,西式现代派建筑,流线型的设计和转角的弧形处理十分独特。

武康路 115 号 密丹公寓 建于 1931 年,由赉安洋行设计的装饰艺术派风格建筑,楼内的三角形旋转楼梯设计十分独到。

密丹公寓

武康路 113 号　巴金旧居及纪念馆　巴金 1955 年至 2005 年居住于此。纪念馆内存有很多巴金的手稿和颇有纪念意义的照片、生活用品等。

　　武康路 99 号　正广和大班旧居　建于 1928 年，英国乡村风格的建筑。也是著名爱国人士、民族工商业代表刘靖基的旧居。李安导演的电影《色·戒》曾取景于此。

　　武康路 67 号　陈立夫旧居　建于 1946 年的花园别墅，砖木结构假 3 层。国民政府中影响力较大的人物陈立夫曾经居住于此。

　　武康路 40 弄 1 号　唐绍仪旧居　唐绍仪曾经是中华民国首任内阁总理。1937 年至 1938 年，唐绍仪居住于此，1938 年在家中被刺杀。

　　武康路 40 弄 4 号　颜福庆旧居　建于 1932 年，砖木结构假 3 层。医学教育家、公共卫生专家颜福庆 1943 年至 1950 年曾经居住于此。

　　武康路 2 号　莫觞清旧居　这里曾经是"丝绸业大王"莫觞清的住宅，透过高墙深院，法式建筑之美隐约可见。

意大利驻沪领事馆旧址

武康路周边：

多条小马路与武康路、华山路、淮海中路交汇，共同组成一个老房子群。老房子建筑风格独特，周边遍布茂密的法国梧桐。

安福路 284 号 菲律宾驻沪领事馆旧址 英式乡村风格的建筑，有一个宽敞的大露台和环绕的花园。

安福路 233 号 巨拨莱斯公寓 建于 1918 年，为中西合璧的建筑风格，清水红墙，厚重而优雅。

安福路 201 号 吴国桢旧居 这是一座 2 层的西班牙式建筑。曾是国民政府时期上海市市长吴国桢的官邸，现为上海话剧艺术中心。花园内的少女雕塑很有艺术价值。

张乐平旧居南立面的阳台

五原路 288 弄 3 号 张乐平旧居 中国著名漫画家、中国儿童连环画的开创者张乐平曾居住于此，其连环漫画《三毛流浪记》已成为家喻户晓的经典作品。

五原路 289 弄 外侨公寓 弄内有多幢英式联立式花园住宅。由公和洋行设计，于 1933 年竣工，为 3 层砖木结构的都铎式建筑，其半露木架结构的样式充满了英伦风情。这里的第一任住客为外侨。如今，这里是普通民居，其产权为湖北、江西和浙江三省的天主教会所有。

五原路 258 号 自由公寓 高 9 层的自由公寓建于 1937 年，由中国建筑师奚福泉设计，深褐色的面砖饰面，厚重而典雅，具有现代装饰艺术派的特征。

湖南路 262 号 湖南别墅 一幢气派的 2 层洋楼，现在是兴国宾馆的一部分。周佛海、贺子珍曾居住于此。

湖南路 8 号 赵丹旧居 电影表演艺术家赵丹一家曾经长期居住在这里。

永福路 52 号 毕青旧居 建于 1932 年，哈沙德洋行设计，建筑面积 810 平方米，具有浓郁的西班牙建筑风格，南立面 5 个罗马内拱廊的上面为阳台，其最初的主人为美国人罗伯特·毕青（Robert Buchan）。

毕青旧居

永福路 200 号 英国驻沪领事馆旧址 20 世纪 30 年代的西班牙风格建筑，配以极其艺术化的装饰效果。花园的布局独特，是用餐观景的佳处。现为雍福会餐厅。建于 20 世纪 30 年代，为交通银行经理李道南的旧居。1961 年 2 月至 6 月，为越南驻沪总领事馆。1967 年 2 月至 1968 年 9 月，由张春桥组织的"游雪涛小组"又名"扫雷纵队"设于此，制造过多起迫害老干部的冤假案件。1985 年 2 月，英国驻上海总领事馆设于此。如今，这里是一家名为雍福会的高档会所。

英国驻沪领事馆旧址

复兴西路 24 号 麦琪公寓 赉安洋行设计，1937 年竣工。坐落在原法租界的中心位置上，其沿转角街面而设计的大弧度阳台在当时颇为引人瞩目，赉安洋行的主设计师赉安和其女儿曾经居住于此。

复兴西路 34 号 卫乐公寓 1934 年落成，一落成便获得无数赞美之词。这座 13 层的现代派公寓是"上海四大老公寓"之一。

复兴西路 44 弄 玫瑰别墅 这里坐落着 7 幢风格迥异的独立式别墅建筑，因弄堂口的地上曾经刻着玫瑰图案而得名"玫瑰别墅"。1935 年，有"苗王公主"之称的苗族名媛蓝妮与孙中山的儿子孙科一见钟情，成为孙科的"二夫人"。1940 年，蓝妮在这里投资建了 5 幢房子，又买下了弄堂口的 2 幢玫瑰别墅，因此这里又被称为"蓝妮弄堂"。1948 年底，蓝妮去了香港。1986 年，她应邀回内地参加孙中山诞辰 120 周年的纪念活动，从此定居上海。1990 年 3 月，蓝妮在上海锦江饭店居住了 5 年后，终于回到了久别的玫瑰别墅 2 号。

复兴西路 147 号 柯灵旧居及纪念馆 中国电影理论家、剧作家柯灵曾经长期居住于此。柯灵曾经是《万象》杂志的主编。旧居纪念馆的 1 层陈列着柯灵的大量手稿和信件原稿，2 层保留着柯灵在这里写作与生活的原貌。

柯灵旧居及纪念馆

淮海中路 1850 号 武康大楼 又名诺曼底公寓，1924 年由中国建业地产公司兴建，著名的米诺事务所（MINUTTI）设计，1930 年竣工，是上海最早的外廊式公寓。盘旋的内部楼道至今依然华丽。1953 年后，公寓先后住进了一批文艺界名人，如孙道临、王人美等。

武康大楼

第 6 站

音符缥缈汾阳路
往事回味建国西路

宛如清风
却是惊艳的一瞥
往事如烟
回不去的 是时光

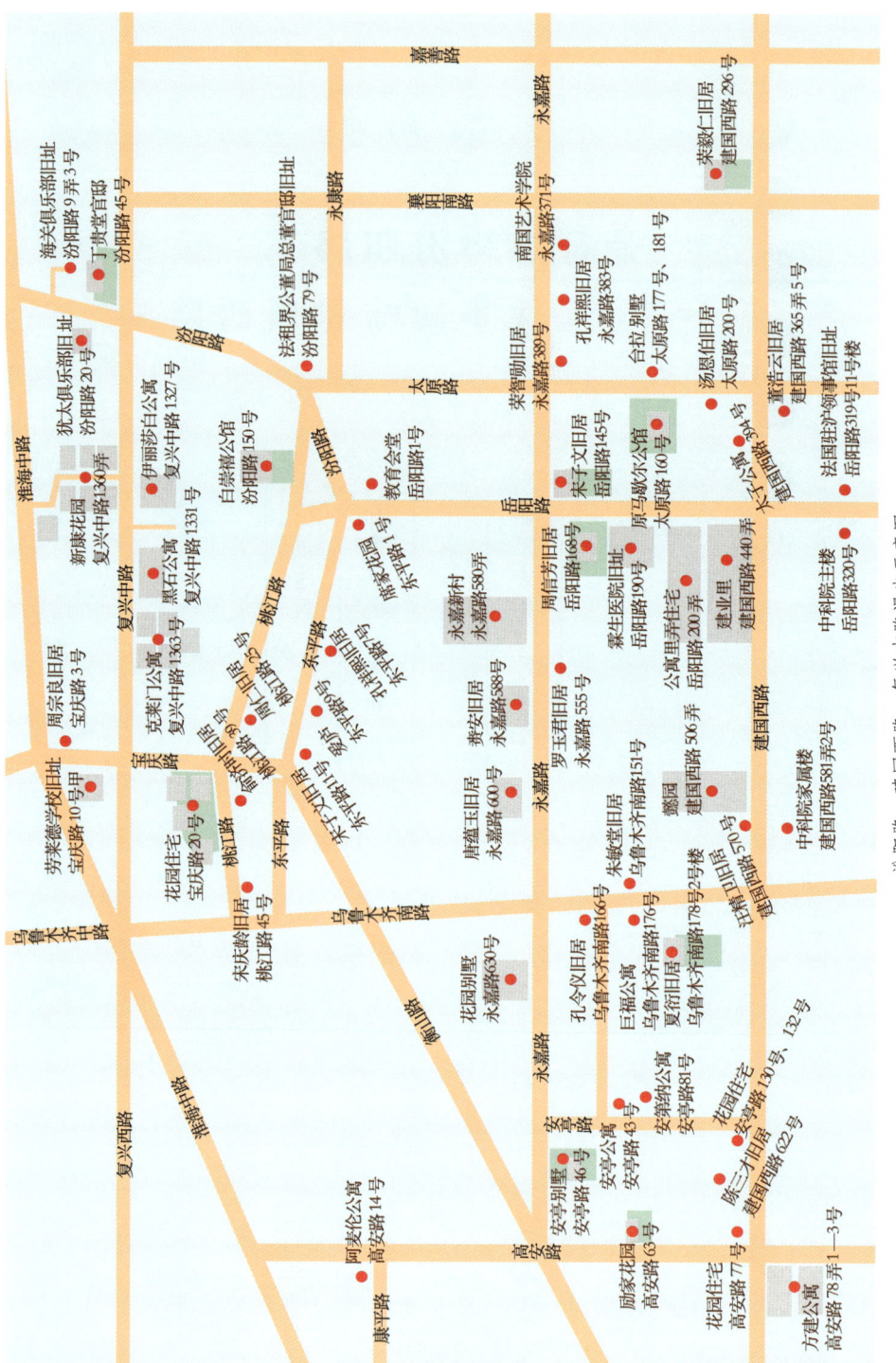

汾阳路、建国西路、复兴中路漫步示意图

- 海关俱乐部旧址 汾阳路9弄3号
- 丁贵堂官邸 汾阳路45号
- 犹太俱乐部旧址 汾阳路20号
- 伊丽莎白公寓 复兴中路1327号
- 新康花园 复兴中路1363弄
- 照西公馆 复兴中路1331号
- 白崇禧公馆 汾阳路150号
- 法租界公董局总董官邸旧址 汾阳路79号
- 南国艺术学院 永嘉路371号
- 孔祥熙旧居 永嘉路383号
- 台拉别墅 太原路177号、181号
- 汤恩伯旧居 太原路200号
- 荣毅仁旧居 永嘉路389号
- 燕澔云旧居 建国西路365弄5号
- 宋徽仁旧居 建国西路286号
- 教育会堂 岳阳路1号
- 廖家花园 东平路1号
- 宋子文旧居 岳阳路145号
- 原马歇尔公馆 太原路160号
- 卡尔公寓 建国西路394号
- 法国驻沪领事馆旧址 岳阳路319弄11号楼
- 克莱门公寓 复兴中路1363号
- 周宗良旧居 宝庆路3号
- 花园住宅 宝庆路20号
- 宋庆龄旧居 桃江路45号
- 芬莱中学校旧址 宝庆路10号甲
- 宋子文旧居 东平路9号
- 爱庐旧居 东平路11号
- 孔祥熙旧居 东平路5号
- 永嘉新村 永嘉路580弄
- 周信芳旧居 岳阳路168号
- 众生医院旧址 岳阳路190号
- 建业里 建国西路440弄
- 中科院主楼 岳阳路320号
- 唐韵玉旧居 永嘉路600号
- 张安甫旧居 永嘉路388号
- 罗王旧居 永嘉路555号
- 朱敏堂旧居 乌鲁木齐南路151号
- 公寓里弄住宅 岳阳路200弄
- 郑园 建国西路506弄
- 中科院家属楼 建国西路581弄2号
- 花园别墅 永嘉路630号
- 孔令仪旧居 乌鲁木齐南路166号
- 巨福公寓 乌鲁木齐南路176号
- 夏衍旧居 乌鲁木齐南路178弄2号楼
- 汪精卫旧居 建国西路570号
- 阿麦伦公寓 高安路14号
- 安亭别墅 安亭路46号
- 安亭公寓 安亭路43号
- 安纳纳公寓 安亭路81号
- 花园住宅 安亭路130号、132号
- 陕三刁旧居 建国西路622号
- 励家花园 高安路63号
- 花园住宅 高安路77号
- 方建公寓 高安路78弄1—3号

宝庆路

只有300米的长度,却是连接衡山路与常熟路的交通要道。1902年由法租界当局越界修筑,原名宝建路,1943年更为今名。这里有不少老房子的经典之作,只要往弄堂的深处走,便会发现那段黄金岁月的痕迹。

宝庆路3号 周宗良旧居 "染料大王"周宗良曾经担任多家洋行的买办,长达35年之久,是当时国内的富豪之一。此建筑由多幢洋房组合而成,周边被5000平方米的花园所环抱。现为上海交响音乐博物馆。

宝庆路10号甲 劳莱德学校旧址 一栋建于1925年的假3层独立式花园别墅,有一个法式的孟莎式屋面,东南转角有一个2层的塔楼,整体具有欧洲民居的特征。这里是1923年创建的劳莱德学校(Loretto School)曾经的校址(1933年至1941年)。这所学校由美国劳莱德会的修女主办。1956年,这里被机械工业部电器科学研究院上海试验站使用。1971年之后为上海电动工具研究所使用。

宝庆路20号 花园住宅 这里有4栋独立花园住宅,其中,现在的4号楼为原来的宝庆路22号。

1号楼为欧洲乡村风格的独立住宅,建于20世纪20年代,曾是原国民政府中央银行副总裁陈行的旧居,后为上海轻工业研究所使用。

花园住宅 宝庆路20号1号楼

花园住宅 宝庆路20号2号楼

2号楼建于1915年，最初作为私人住宅使用，1937年成为上海华侨化学制药厂的厂址。1955年4月，由上海市文史馆接管；1958年，上海轻工业研究所入驻；2000年，旅行者杂志社入驻于此。如今，这里已变为光明集团的总部。

3号楼建于1931年左右，为新古典主义建筑风格，由著名的建筑师杨元麟设计，其内部仍保留着最初设计建造的玻璃花窗，2层中部的三跨走廊为上海少见。

4号楼建于1925年，为文艺复兴和折中主义风格的建筑，其外墙顶部镶嵌着蝴蝶花饰，20世纪50年代曾经是上海中国画院办公地。1988年起，由上海市绿色工业和产业发展促进会使用。

桃江路

修筑于1903年，初名恩理和路，1943年更名为靖江路，1980年更为今名。这是一条著名的漫步道，拥有目前已经罕见的弹硌路面和布满两侧的乌桕树。在法国梧桐遍布的旧时法租界，这是个独特之处。这条短短的马路，也曾经是宋庆龄钟爱的漫步道之一。

桃江路25号 周仁旧居 这是建筑设计师贲安1930年的作品。在这里，一排沿街的老洋房相互连着，各有一个复杂而漂亮的入口，入口的屋棚和雨棚上下交错，深深凹进的门让人感觉好像走进了童话世界。这里曾居住过我国钢铁冶金专家周仁。

桃江路39号 俞济时旧居 建于1923年的英式花园建筑，是蒋介石的侍卫长俞济时居住过的地方。

桃江路45号 宋庆龄旧居 建于1920年的砖混结构的欧陆式建筑，屋面错落有致，里面不对称的设计、高高的大烟囱都是建筑的显著特征。宋庆龄曾于1946年居住在这里。

复兴中路

全长3494米,东起西藏南路,西至淮海中路。复兴中路上老房子众多,是不可错过的经典马路之一。1914年由法租界公董局越界修筑,初名法华路,1918年更名为辣斐德路,1943年更名为大兴路,1945年更为今名。

复兴中路1363号 克莱门公寓 20世纪20年代末,比利时人克莱门嗅到了外国人来沪住房困难的商机,遂与教会合作建造了克莱门公寓。克莱门公寓由5幢相同的4层楼房组成,形状如同一朵梅花,墙面清水红砖,屋顶设老虎窗,墙角饰有花纹。

复兴中路1360弄 新康花园 建于1933年,由4幢5层公寓和11幢2层别墅组成。这是一条以绿色为主色调的弄堂,可以直达另一头的淮海中路。画家颜文樑,电影演员赵丹、黄宗英曾经在此居住。

复兴中路1331号 黑石公寓 建于1924年。法国梧桐掩映下的黑石公寓欧风浓郁,厚重的入口形成的露台美丽大方。走进公寓,品质依旧完好。6楼平台上的视野很宽阔。

黑石公寓北立面

黑石公寓底层咖啡馆

复兴中路1327号 伊丽莎白公寓 建于1936年,装饰艺术派风格,讲究简洁优雅的流线造型。

汾阳路 北起淮海中路，南至岳阳路，全长815米，是一条充满艺术气息的马路，学府、书店、咖啡馆都开设在老房子里。它修筑于1902年，初名毕勋路，1943年改为今名。

汾阳路9弄3号 海关俱乐部旧址 建于1898年，是现存的最早的独立式花园建筑。砖木结构，铁皮屋顶，屋面四面的翘檐很有中国风情。1863年英国人鲁宾·赫德来到上海，后出任海关税务司，并在此建造了这座小木屋。

汾阳路20号 犹太俱乐部旧址 走进上海音乐学院，会看见一座红色的小楼和半弧形

海关俱乐部旧址

丁贵堂官邸

的大露台，这就是曾经以"星期四聚会"闻名的犹太俱乐部的所在地。穿过此建筑，还将看见北欧风格的专家楼。

汾阳路 45 号 丁贵堂官邸 建于 1932 年的西班牙式花园建筑，精致典雅，曾经是民国时期海关副总税务司丁贵堂的官邸。丁贵堂曾短暂代理总税务司，是近代中国首次执掌海关领导权的中国官员。中华人民共和国成立后，丁贵堂先后担任海关总署副署长、海关管理局局长，毛泽东亲切地称他为"丁海关"。这是邬达克设计的经典之作。

汾阳路 79 号 法租界公董局总董官邸旧址 建于 1905 年，是法国后期文艺复兴风格建筑的典范，因外观类似美国华盛顿的"白宫"，故有"海上小白宫"之称。抗战胜利后，联合国世界卫生组织曾经在此办公。1949年，陈毅也曾经在此居住过。现为工艺美术博物馆。

汾阳路 150 号 白崇禧旧居 这幢气势非凡的建筑，因白崇禧、白先勇父子居住过，人称"白公馆"。其实，父子二人在此居住的时间并不长。在上海时，他们大部分时间居住在多伦路 210 号。进入建筑内部，华丽的旋转楼梯令人赞叹。

法租界公董局总董官邸旧址

白崇禧旧居

东平路

东起岳阳路,西至乌鲁木齐南路,全长400米左右。它修筑于1913年,初名贾尔业爱路,1943年更为今名。

东平路1号 席家花园 建于1913年,欧式花园别墅,其最初的主人为上海英商汇丰银行第二任买办席正甫的孙子席德柄。席德柄早年入麻省理工学院学习,曾担任国民政府财政部中央造币厂厂长,夫人是浙江湖州大家小姐黄凤珠,夫妻育有一男七女,女儿们被称为上海滩的"七仙女"。

东平路7号 孔祥熙旧居 建于1935年的欧式住宅,入口有连续的券门廊,屋面错落有致,墙角的砖饰分外醒目。位于今天的上海音乐学院附中内。

孔祥熙旧居

爱庐

    东平路9号 爱庐 建成于1932年。作为宋美龄的陪嫁之物，由宋子文亲自物色。这座法式花园洋房由主楼和2座副楼组成，主楼的2楼为蒋、宋的卧室及卫生间，且有一个秘密暗道可直达楼外。

    东平路11号 宋子文旧居 建于1921年，至今仍然十分华美。荷兰式的屋顶、宽大豪气的露台，都是值得多看几眼的。

> **安亭路** 是旧法租界里为数不多的没有法国梧桐树的小街。不过，这条街的秋天很美，因为它有两排乌桕树和众多低调而不失优雅的老房子。短短的马路，几分钟就走完了，却回味悠然，像咀嚼到最后的橄榄，有一种令人眷恋的甘甜。

安亭路 43 号 安亭公寓 原名金司林公寓，建于 1935 年，具有英国乔治时期的建筑风格。深褐色的面砖与白色勾缝相得益彰，白色门窗整齐划一，入口的门券浮雕精美。

安亭路 46 号 安亭别墅 安亭别墅内的 1 号楼建于 1936 年，典型的西班牙风格。东南转角的八角攒尖塔楼和南面入口的设计非常有特点。花园内还有一排古典长廊，游人可以在廊下漫步。这里曾经是民国时期的重要军事理论家蒋百里的寓所，其女婿是"中国导弹之父"钱学森。

安亭路 81 号 安第纳公寓 建于 1939 年的联式西班牙风格的花园住宅。

安亭路 130 号、132 号 花园住宅 建于 1924 年的现代风格的建筑，由赉安洋行设计，为上海百年老别墅最为经典的样式之一。

金司林公寓

安亭路 130 号的花园住宅

高安路

全长 1022 米，北起淮海中路，南至肇嘉浜路。修筑于 1914 年，初名高恩路，1943 年更为今名。这是一条法国梧桐茂密的马路，与衡山路、淮海中路等旧法租界的主要马路相交，共同组成衡山路历史风貌区。

高安路 14 号 阿麦伦公寓 建于 1941 年，由赉安洋行设计的现代派风格的建筑。入口被设计成六边形，水磨石地坪上有马赛克镶拼的"AL"字样，这是设计师赉安名字的缩写。现名高安公寓。

高安路 63 号 励家花园 建于 1930 年，由赉安洋行设计。2 层的花园别墅呈开放式结构，南立面拱券敞廊和上层的露台都有浓郁的地中海风格，在上海极罕见。

高安路 77 号 花园住宅 建于 1924 年，由赉安洋行设计，其孟莎式的屋顶和弧形阳台均是赉安洋行的别墅作品的经典标志。

高安路 78 弄 1—3 号 方建公寓 建于 1932 年的现代派建筑，由南北两座楼组成，赉安洋行设计。著名演员上官云珠曾居住于此。现名建安公寓。

阿麦伦公寓　　　　　　　　　　　方建公寓

励家花园北立面颇具中国风情

励家花园南立面的入口有着地中海建筑的特征

建国西路

东起瑞金二路，西至衡山路，全长2498米。修筑于1912年，初名靶子路，1920年更名为福履理路，1945年更为今名。建国西路在当时的法租界是一条主要马路，由东向西延伸，一路历史建筑无数。其中，赫赫有名的荣家和董家都曾经在这里安营扎寨。风云际会的上海滩，各类人物纷纷登场，数不尽的故事，道不完的话题。

建国西路622号 陈三才旧居 建于1924年，由赉安洋行设计，曾经是参与刺杀汪精卫的爱国商人陈三才的住宅。陈三才早年就读于清华学校（清华大学前身）留美部中等科，毕业后赴美伍斯特理工学院学习，获硕士学位。回国后在上海滩创建了中国第一家冰箱公司。抗战期间积极投入抗日活动，因参与刺杀汉奸汪精卫未成，被76号特务机关逮捕，1940年10月在南京雨花台就义。

建国西路581弄2号 中科院家属楼 134室为曹天钦、谢希德夫妇旧居，他们是中国著名的科学家伉俪。谢希德曾担任复旦大学校长，他们二人都是中国科学院学部委员（院士）。

建国西路570号 汪精卫旧居 建于1926年的花园别墅。1939年，汪精卫与陈璧君居住于此。

建国西路506弄 懿园 1941年竣工的新式里弄住宅群，都是混合结构的3层楼房，有西班牙式和英国式两种风格。这里至今仍保留着海派文化精致优雅的生活情调。

建国西路440弄 建业里 一片典型的石库门建筑群，建于1925年，拥有江南风格的马头墙。可惜的是，不少建筑已被改建，原来石库门的石砌门框已经被混凝土替代了。

建国西路394号 太子公寓 又名道斐南公寓，建于1933年，由赉安洋行设计的现代装饰艺术派的公寓建筑，为上海老公寓经典建筑之一。

建国西路365弄5号 董浩云旧居 西班牙建筑风格的2层住宅。1933年，董浩云举家迁居于此。董浩云是中国东方海外货柜航运公司的创始人，号称"世界七大船王"之一。其子董建华于1937年出生于此，并在这里度过了他的童年时代。

懿园

太子公寓

　　建国西路296号 荣毅仁旧居　建于1938年的法国式花园建筑，刚刚修葺一新，已经很难看见历史的痕迹了。这是一幢记录着中国民族工业起步和发展的历史建筑。1954年，荣毅仁向上海市政府率先提出将自己的产业实行公私合营，相关协议正是在这座建筑的花园凉亭里签订的。这一举动在上海对私营企业的改造工作中起到了积极的带头作用，荣毅仁的"红色资本家"的称呼也由此得来。现为"荣公馆"餐厅。

由赉安洋行设计的建国西路620号的建筑

岳阳路

北起桃江路,南至肇家浜路,全长947米。1912年由法租界公董局修筑,初名祁齐路,1943年更为今名。这是一条幽静的马路,两边的老房子掩映在法国梧桐树后,其中的大多数只露出了高高的围墙。徜徉其间,竟有时光倒流之感。

岳阳路 1 号 教育会堂 建于 1911 年。"文革"时期,林彪集团曾经在此策划《"571 工程"纪要》。现为三星级宾馆。

岳阳路 145 号 宋子文旧居 建于 1928 年,有一个漂亮的德式塔楼。现为老干部活动中心。

岳阳路 168 号 周信芳旧居 始建于 1921 年,为独立式花园住宅。抗日战争时期为爱国华侨黄奕柱居住地,后为京剧大师周信芳居住。20 世纪 80 年代起为上海京剧院院址,现为上海京剧传习馆一号楼。

岳阳路 190 号 霖生医院旧址 建于 1920 年的英式住宅,民国时期曾是名医牛惠霖、牛惠生兄弟合办的"霖生医院"。现为商铺及艺术工作室。

周信芳旧居

岳阳路 200 弄 公寓里弄住宅 建于 1930 年的住宅,每个单元都有较大的花园,1999 年加建了两层。

岳阳路 319 号 11 号楼 法国驻沪领事馆旧址 建于 1928 年的英国乡村别墅式花园住宅。

岳阳路 320 号 中科院主楼 1930 年,日本政府用依据《辛丑条约》得来的"庚子赔款"在岳阳路 320 号建成了上海自然科学研究所大楼。由日本设计师内田祥三设计,略有哥特式风格。现为中国科学院上海生命科学研究院。

中科院主楼

太原路

全长990米，北起汾阳路，南至肇嘉浜路，1918年修筑，初名合拉斯脱路，1943年更为今名。这是一条以住宅为主的马路，至今保留着诸多民国时期的老房子。请走进弄堂的深处，那里有太多的历史痕迹等你去发现。

太原路160号 原马歇尔公馆 竣工于1928年，法国晚期文艺复兴风格的建筑。南立面入口设有宽敞的门廊，由此形成的大露台大气古朴；北立面的城堡式圆锥体塔楼和尖顶充满了文艺复兴建筑的韵味。抗日战争胜利后，这里曾作为原美国总统特使马歇尔将军的寓所，因此被称为马歇尔公馆。现名太原别墅。

太原路177号、181号 台拉别墅 建于1930年，砖木混凝土结构的新式里弄，黄色水泥拉毛墙面，甚是温馨。附近的莹瑞村、双梅村都是这样的新式里弄，一座座精巧的小洋楼掩映在绿荫间。

太原路200号 汤恩伯旧居 建于民国初年，3层钢筋混凝土结构，属西式建筑风格。该住宅曾为原国民政府要员周佛海的住所；之后，又成为原上海警备区司令汤恩伯的公馆。

原马歇尔公馆

汤恩伯旧居

永嘉路

东起瑞金二路，西至衡山路，全长2072米。修筑于1920年，初名西爱咸斯路，1943年更为今名。这是一条既有欧陆风情，又有海派味道的马路。

永嘉路383号 孔祥熙旧居 建于1926年的混合式花园住宅。建筑外观为陡峭的斜坡屋面，南北立面都有半露明的木构架，属英国乡村风格。1938年，孔家去了香港，1976年，上海电影译制厂进驻这里，它也由此成为承载着一代人集体回忆的地方。

永嘉路389号 荣智勋旧居 建于1932年，1936年竣工，英国乡村风格，筒瓦四坡屋顶，三角形山墙与老虎窗，水泥拉毛和清水红砖相映成趣。造型简洁，具有现代派的装饰趣味。荣智勋是荣氏家族的成员，但有关他的资料并无记载。

永嘉路555号 罗玉君旧居 建于1932年的法式建筑。罗玉君1933年获得法国巴黎大学文学博士学位，1951年起在华东师范大学任教，翻译有《红与黑》等名著。

永嘉路580弄 永嘉新村 建于1947年的花园里弄式住宅，由19幢2层建筑、4幢3层建筑组成。

永嘉路588号 贲安旧居 这是来自法国的建筑大师贲安为自己设计的现代别墅，竣工于1929年，为上海较早出现的现代主义别墅样式，如今因多次改建，其内部的木质楼梯已经被钢筋混凝土及玻璃所取代，但外观还维持着基本的原貌。

永嘉路600号 唐蕴玉旧居 建于1936年的独立式花园住宅，3层楼的混砖结构建筑。油画家唐蕴玉曾居住于此。

永嘉路630号 花园别墅 建于1925年的独立式花园洋房，古典立柱、券形门廊、大面积的落地窗甚是漂亮。如今是颇有怀旧情调的餐厅。

孔祥熙旧居

乌鲁木齐南路

北接乌鲁木齐中路，与淮海中路交接，南至肇家浜路，全长1195米。这条路虽然不长，却穿过了上海最为著名的几条马路——淮海中路、衡山路、永嘉路、建国西路，与它们共同组成一整片历史风貌区。

乌鲁木齐南路151号 朱敏堂旧居 建于1924年，美国殖民地复兴风格，砖木结构，原为大统织染厂经理朱敏堂的住宅。1985年，该建筑按原样拆除重建，仅门廊等构件为原物。

乌鲁木齐南路166号 孔令仪旧居 一幢3层的小楼，东立面上那扇凸出的小窗有着塔尖式的造型，优雅地迎接过路人的注目礼。这是孔祥熙与宋霭龄的长女孔令仪的住宅。

乌鲁木齐南路176号 巨福公寓 建于1939年，为现代派风格，细节带有装饰艺术特征。

孔令仪旧居

朱敏堂旧居

乌鲁木齐南路 178 号 2 号楼　夏衍旧居　这座优雅的别墅在 1949 年至 1955 年曾经居住过著名人物夏衍。夏衍是中国文学家、电影作家、文艺评论家、社会活动家、中国左翼电影运动的开拓者和领导人之一。他的代表作之一是报告文学《包身工》，他创作和改编的电影剧本《林家铺子》《狂流》和《祝福》等作品具有深远的影响力。夏衍旧居已是一个展陈夏衍在上海足迹的展览馆，其一层以"夏衍与上海"为主题，二层则为夏衍书房和卧室的原貌展示。

夏衍旧居的草坪

夏衍旧居东北立面

第7站

陕西北路历史名人街

繁华的背后 世纪的影子

曾经的年少轻狂

曾经的富贵荣华

仿佛一场意识流的电影

陕西北路及周边漫步示意图

康定路　　　康定东路

张爱玲出生地
康定东路87弄3号

阮玲玉旧居
新闸路1124弄9号

新闸路　　大田路

小德勒撒
天主教堂
大田路370号

江宁路

泰兴路

石门二路

居
1094弄2号

北京西路

南汇路

南京西路 🚇

泰兴路

南京西路

张爱玲旧居
南京西路1081弄9号

张园·丰盛里
茂名北路237号

茂名北路

李荫轩私宅
威海路590弄89号

吴江路

吴培初旧居
石门一路315弄6号

张园石库门
茂名北路200—290弄

王俊臣私宅
威海路590弄77号

79

陕西北路

南起延安中路，接陕西南路，北至苏州河畔的宜昌路，1905年修筑，初名西摩路，1943年更为今名。陕西北路是上海大名鼎鼎的老马路，这里既有宋家的花园，也有犹太教堂和董浩云留下的职工宿舍。其周边的景点同样值得一游，如阮玲玉故居和小校经阁。

华业公寓

陕西北路175号 华业公寓 由中国设计师李锦沛设计，仿西班牙建筑风格，是折中主义向现代派建筑风格过渡的作品，远看就像一座高耸的城堡。它体量很大，主楼边还有2幢副楼，掩映在弄堂间。

陕西北路186号 荣宗敬旧居 由德国人建于1918年，后为民族资本家荣宗敬所购置。荣宗敬有个弟弟叫荣德生，后者被称为上海的"棉纱大王"和"面粉大王"。荣德生的四儿子就是曾任国家副主席的荣毅仁。这座经典的建筑如今被整修一新，现为PRADA艺术中心。

陕西北路369号 宋家花园 1918年，宋氏兄妹的父亲宋耀如去世，他们的母亲倪桂珍从外国人那里买下了这幢别墅。倪太住二楼正中，两边住宋美龄、宋子文、宋子良。宋庆龄当时住在香山路。1927年，蒋介石和宋美龄的宗教婚礼就在这里的花园举行。1949年，宋庆龄在这里创办了中国福利会。

荣宗敬旧居

陕西北路375号 怀恩堂 1942年怀恩堂迁址于此。这里拥有一幢3层的红砖建筑和一座高耸的钟楼，其礼拜堂可容纳1700人，是一座知名度颇高的基督教堂。

陕西北路 380 号 许崇智旧居 1925 年,国民党早期主要军事领导人之一许崇智被蒋介石剥夺兵权后,曾在此隐居。这是一座极其精美的、具有折中主义风格的红砖建筑。

陕西北路 414 号 董浩云旧居 这是有"现代郑和"之称的航运公司大亨董浩云购置的 3 层楼房,当时他的公司的许多高级职员都居住在这里。

陕西北路 430 号 犹太人住宅 建于 1913 年的花园别墅,混砖结构,1、2 层供犹太人做换汇生意,3、4 层用于居家生活。

陕西北路 457 号 何东旧居 建于 1926 年,典型的新古典主义风格。走进去,你仍然可以感受到它当年作为香港首富之宅的气派。建筑南面入口处的大立柱撑起的门廊,以及门廊里独特的阳台,都体现了设计师邬达克的功力。

陕西北路 461 号 崇德女中旧址 建于 1905 年的 3 层洋楼,位于现在的七一中学内。当时上海的广东籍青年大多在此读书,阮玲玉和永安公司老板家的四小姐郭婉莹都曾经是这里的学生。

陕西北路 500 号 西摩会堂 竣工于 1920 年,具有古希腊神殿的风格,是上海犹太人举行宗教活动的场所,不对外开放,主要接待来自世界各地的知名犹太人。目前它已被列入世界纪念性建筑遗产保护名录。

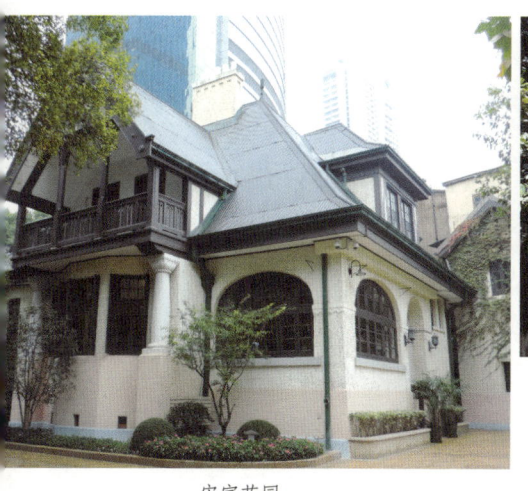

何东旧居

宋家花园

许崇智旧居

崇德女中旧址

西摩会堂

陕西北路周边：

新闻路 1124 弄 9 号 阮玲玉旧居 沁园村建于 1932 年，是当时比较高档的新式里弄住宅。电影明星阮玲玉曾于 1933 年至 1935 年住在这里的 9 号。

康定东路 87 弄 3 号 张爱玲出生地 这座民国初年建成的大宅至今依旧气势恢宏。现在是社区活动中心，须从 85 号进入。穿过阅览室和教室，你会看见张爱玲的书屋和挂在墙上的张爱玲的照片。

张爱玲的祖母李菊藕是李鸿章的女儿，这幢大宅是李鸿章送给女儿的陪嫁之物。张爱玲 1920 年就出生在这里。在这座老宅里，张爱玲过得并不开心。18 岁时，她因为与继母发生口角而被父亲软禁在老宅里。从这里出逃后，她与姑姑张茂渊一起住进了武定西路上的开纳公寓。

南京西路 1081 弄 9 号 张爱玲旧居 1947 年 6 月，张爱玲给胡兰成写了一封诀别信，随后搬离了爱林登公寓，迁居重华公寓。1949 年，她和姑姑张茂渊就站在重华公寓的 2 楼窗边看着解放军进城，见证了上海历史自此翻开新的一页。后来，张爱玲又离开这里，住进了长江公寓。

张爱玲出生地

张爱玲在重华公寓沿街的旧居

茂名北路 200—290 弄 张园石库门 张园始建于 1882 年，由无锡富商张叔和购地建造，初名张氏味莼园，后被称为张园。1885 年面向社会开放的这座私家花园成为集花园、茶馆、饭店、书场、剧院、会堂、照相馆、展览馆、体育馆、游乐园等多种功能于一体的公共场所，被誉为"海上第一名园"，成为新式公共文化的诞生地。1893 年地标建筑"安垲第"的建成更令张园在上海声名大噪。孙中山、章炳麟、吴敬恒、黄兴、章太炎和蔡元培等名人在此发表过重要的演讲。1918 年，作为上海的经营性私家园林逐渐退出了历史舞台，被新兴的室内游乐场和电影院等公共娱乐场所所取代。1919 年，张叔和去世之后，张园的土地逐渐被用作地产开发项目，包括安垲第在内的张园建筑全部被拆除。

从 1920 年起，张园逐步被开发成里弄建筑。至 1927 年，张园的石库门建筑已经初步形成规模。如今我们所见的茂名北路沿街的石库门里弄建筑分别为荣康里、震兴里和德庆里。2022 年 11 月，历经 4 年的修缮，张园已变身文化商业地标。

位于茂名北路沿街的张园石库门街景　　　　　　　张园内的石库门里弄震兴里

茂名北路 237 号 张园·丰盛里 作为现在的张园的一部分，丰盛里位于茂名北路西侧的沿街石库门建筑群。上海基督教女青年会南京西路旧址就在丰盛里的弄堂内。丰盛里于 2017 年完成改造，开业后 10 幢建筑入驻了多家酒吧、咖啡馆、西餐厅等餐饮店铺。

位于丰盛里的上海基督教女青年会南京西路旧址

威海路 590 弄 77 号 王俊臣私宅 建筑为中西合璧式花园住宅，房屋设计于 1921 年，设计者为英国建筑师格莱汉姆·布朗，他同时也是嘉道理住宅（现中国福利会少年宫）的设计师。建筑主体 2 层，局部 3 层，主楼底楼是敞开式外廊，二楼是封闭式连廊，中部圆形小厅，上有圆顶，左右对称。整幢建筑好似展开双翅的蝴蝶。该建筑是英商麦加利银行（现渣打银行）买办王宪臣的弟弟花旗银行买办王俊臣旧居，1949 年后 77 号被收归国有。2017 年，经过一次全面修缮后，大多作为办公及展示使用。

张园的王俊臣私宅

威海路 590 弄 89 号 李荫轩私宅 该建筑由一幢主楼、西侧附楼及一幢东侧扩建附房组成，内设中部围合庭院，1949 年前曾为私人住宅，1949 年后，其最后一任产权人为李鸿章侄孙、李鸿章五弟李凤章的孙子李荫轩，之后逐渐纳入公私合营。李荫轩生活简朴，喜好文物古玩，特别是青铜器和历代钱币。1979 年其夫人邱辉将其毕生所藏之文物全部捐给上海博物馆，藏书捐给复旦大学图书馆。该建筑主楼为三层砖木混合结构，屋顶为木屋架，外墙为清水砖墙面，搭配山花、壁柱、线脚，风格兼具巴洛克装饰特征和中式传统元素，属中西合璧。89 号在建国后曾被多次租用，先后为上海市人民检察署行政办公地、上海市新成区人民法院、静安区党校、上海半导体四厂以及"张园 99"所在地。

张园内李鸿章侄孙李荫轩私宅

石门一路 315 弄 6 号 吴培初旧居 这是一处建于 1931 年的中西合璧建筑，由著名建筑设计师邬达克设计，3 层建筑局部四层的砖混结构，西班牙风格，立面由泰山红砖贴面，屋面筒瓦，螺旋形柱式，呈现出一种别具一格的美感。初为美商花旗银行上海分行买办和中和商业储备银行董事吴培初的私宅。1952 年吴培初将此处住宅出售给公共交通公司，后被用作上海市总工会公惠医院。现为张园的一部分。

北京西路

东起西藏中路，西至乌鲁木齐北路，全长3502米。修筑于1887年，初名爱文义路，1943年更名大同路，1945年更为今名。其西段沿线分布着不少老房子，是游客在陕西北路周边漫步时不可错过的重要区域。

北京西路1623号 新共济会会馆旧址 1949年，英国共济会的中国北方会所迁址于此。现为上海市医学会的办公楼。

北京西路1510号 陈咏仁旧居 建于1925年的独立式花园住宅，新古典主义风格，属于简化了的西式建筑。陈咏仁原是一位机械制作设计工程师，靠做五金机械生意发了财。抗战期间，他从叶恭绰手中买下了国宝"毛公鼎"，避免了被日本人夺去。"毛公鼎"现为台北故宫博物院镇馆之宝。

北京西路1400弄24号难童医院旧址 现为上海著名的儿童医院。

北京西路1320号 雷士德医学院旧址 英国人雷士德毕生从事建筑工程和房地产经营工作。1926年逝世后，他捐出全部遗产，以资助上海的教育、医疗和慈善事业。雷士德医学院竣工于1932年。

北京西路1220弄2号 望德堂 1930年始建，1932年落成，3层砖木石混合结构。望德堂意即"德高望重之堂"，原为西班牙奥古斯丁会耶稣圣明省望德办事处。

难童医院旧址

望德堂

　　北京西路 1094 弄 2 号 伍廷芳旧居 清朝大名鼎鼎的外交家伍廷芳的住宅。这是一座典型的具有英国安妮女王时期建筑风格的外廊式建筑，清水红砖，墙饰精雕细琢。伍廷芳是中国近代第一位法学博士，曾参与《马关条约》的谈判，并作为全权换约大臣赴日换约。在被清廷特命为出使美国、西班牙、秘鲁和古巴四国大臣期间，同墨西哥签订中国自鸦片战争以来第一个平等条约《中墨通商条约》。辛亥革命成功后，伍廷芳被中华民国临时政府任命为司法总长。

北京西路周边：

铜仁路 333 号 吴同文旧居"绿房子" 建于 1937 年，由邬达克为"颜料大王"吴同文设计的现代派建筑。吴同文的岳父是同为颜料大亨的贝润生，是他将这块地皮送给了吴同文。这座错落有致的建筑形似一艘绿色的大船，矗立在此几十年，风采依旧。作家程乃珊以这所"绿房子"为原型，写出了精彩的小说《蓝屋》。

贝家花园

南阳路 170 号 贝家花园 1934 年，贝润生的儿子贝义奎看见"绿房子"竣工了，一心想和妹夫吴同文"别苗头"，便花心思建造了这座公馆，其外观虽不及"绿房子"受人瞩目，内部却十足气派。尤其是东部入口的旋转楼梯，以及其底层扶手上的龙图腾雕饰，令人叹为观止。"龙梯"层层旋转，直至玻璃穹顶之下。建筑的东入口有一面著名的"百寿墙"，上面刻着 101 个"寿"字。

大田路 370 号 小德勒撒天主教堂 1930 年 10 月 3 日，"圣女小德勒撒日"，在大通路（现大田路）370 号举行奠基典礼。1931 年 10 月 3 日，惠济良主教主持新教堂的开堂典礼。1966 年，小德勒撒堂被工厂占用。1990 年，房屋归还天主教上海教区。1993 年 10 月，恢复宗教活动。

吴同文旧居"绿房子"

贝家花园东侧的"龙梯"盘旋而上

大田路 370 号 小德勒撒天主教堂

常德路

南起延安中路，北至苏州河南岸，全长2811米，修筑于1862年左右，初名赫德路，1943年更为今名。常德路毗邻静安寺商业区，附近有静安公园和高档百货店。对于老房子爱好者来说，这条路上的爱林登公寓是不能不去参观的。

常德路195号 爱林登公寓 又名常德公寓。1936年，这座高8层、平面呈"凹"形的建筑刚一落成，便获得普遍的赞许。公寓每层仅3户人家，除了细长的阳台和淡雅的墙面外，良好的地理位置也令其至今仍备受瞩目。张爱玲曾经在爱林登公寓的51室和65室居住过多年。

张爱玲无疑是个才华横溢的作家。而住在爱林登公寓的日子，正是她创作生涯的巅峰时期，其间作品包括《金锁记》《倾城之恋》《沉香屑》《心经》《封锁》等，其才华自此为世人所识。也许，那些有着流畅线条和弧形转角的阳台，给了张爱玲观察世界的独特视野与灵感。

此外，那些年也是她传奇一生中的重要篇章。1943年，胡兰成在得到了张爱玲的地址后，寻至此地。张爱玲踌躇着，最终还是没有开门迎客。于是，胡兰成在门缝里塞进了一张纸条。过了几天，张爱玲按照纸条上的地址寻去，那是胡兰成在美丽园的家，位于延安西路379弄28号。那天的邂逅，影响了这位女作家的一生。

现在，每天都有不少人来这里寻觅张爱玲的足迹。走进这座公寓，行走在楼梯上，你是否会想起张爱玲小说中的人物？

爱林登公寓

第 8 站

愚园路的记忆

秋　清如水

记忆　在此重现

浑厚的和声　渐渐响起

曾经沧桑　曾经非凡

秋　静如水

愚园路及周边漫步示意图

武定路

武定西路

武宁南路

泉旧居
定西路1357号

华园
万航渡路540号

万航渡路

新闸路

新闸路

万航渡路

新闸路

胶州路

镇宁路

北京西路

常德路

顾炳鑫旧居
愚园路520弄27号

市西中学
愚园路404号

百乐门舞厅
愚园路218号

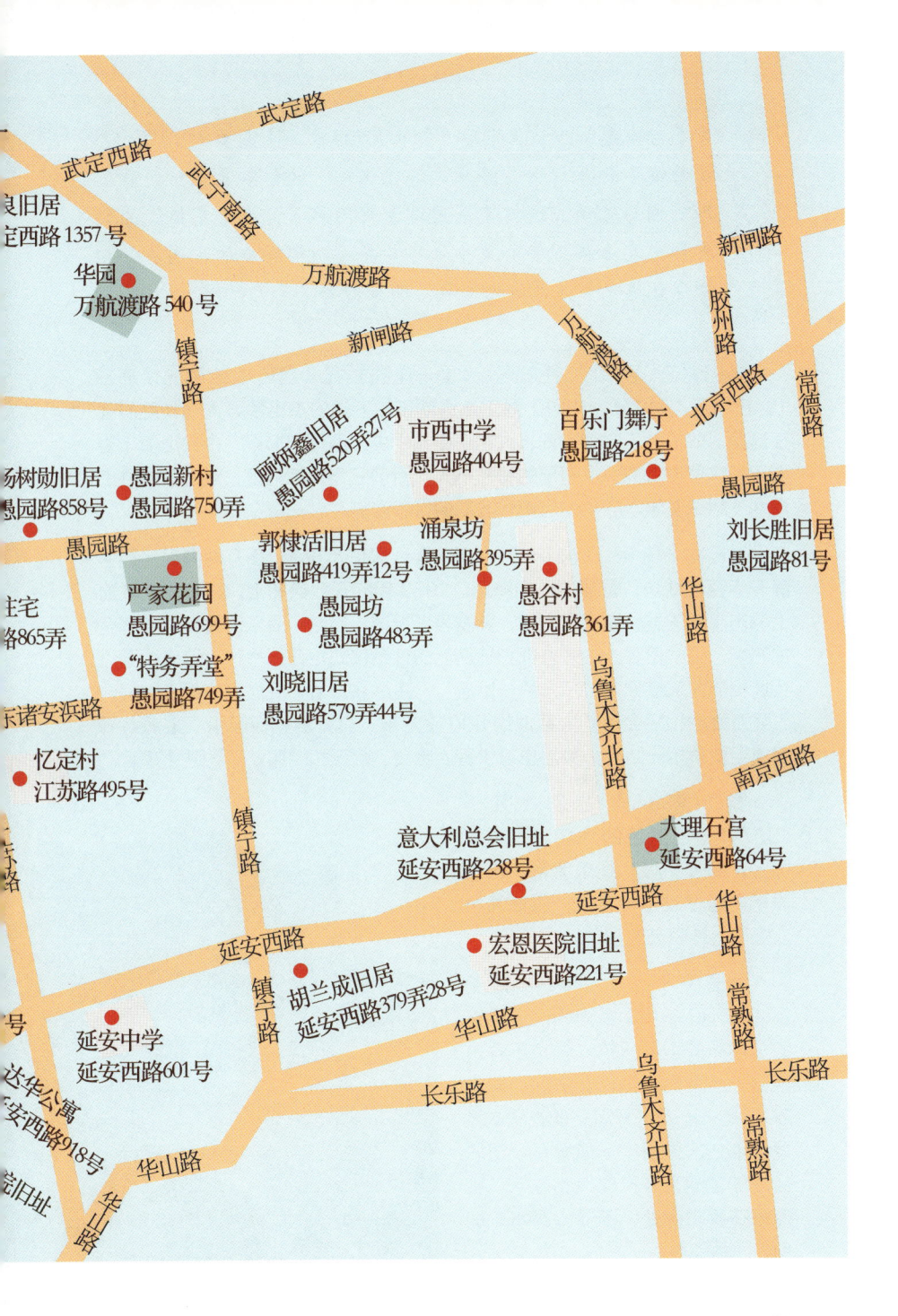

杨树勋旧居
愚园路858号

愚园新村
愚园路750弄

愚园路

刘长胜旧居
愚园路81号

郭棣活旧居
愚园路419弄12号

涌泉坊
愚园路395弄

严家花园
愚园路699号

愚园坊
愚园路483弄

愚谷村
愚园路361弄

华山路

主宅
路865弄

"特务弄堂"
愚园路749弄

刘晓旧居
愚园路579弄44号

东诸安浜路

乌鲁木齐北路

忆定村
江苏路495号

南京西路

意大利总会旧址
延安西路238号

大理石宫
延安西路64号

镇宁路

延安西路

宏恩医院旧址
延安西路221号

华山路

延安西路

胡兰成旧居
延安西路379弄28号

常熟路

延安中学
延安西路601号

达华公寓
安西路918号

华山路

长乐路

乌鲁木齐中路

长乐路

常熟路

95

愚园路

东起常德路，西至长宁路，全长 2700 米，修筑于 1911 年。从静安寺地铁口出，沿华山路往北走，就会看见百乐门舞厅的圆形塔顶。这就是愚园路漫步的起点，途中穿插江苏路和武定西路，整个漫步线路需要 4 小时左右的时间。如果你还想走访该区域的周边，那就需要 1 天的时间。

愚园路 81 号 刘长胜旧居 这是一座独立式 3 层砖木结构的楼房。1946 年至 1949 年，当时上海工人运动和地下党的杰出领导人刘长胜居住在这里。解放战争时期，刘长胜担任中共中央上海局副书记、中共上海市委书记，这里也就成为上海局的秘密机关。目前它作为陈列馆，展示了中共上海地下组织发展、斗争的历史，非常值得参观。

愚园路 218 号 百乐门舞厅 1932 年，顾联承投资 70 万两白银，购置静安寺西区地块，营建百乐门舞厅。1933 年的开业典礼上，时任国民政府上海市市长的吴铁城亲自出席，并发表了祝词。当时，百乐门舞厅的常客有徐志摩、张学良等人。陈香梅和陈纳德的订婚仪式也在此举行。这座美国近代风格的建筑被称为"东方第一乐府"，建筑共 3 层，底层为店面及厨房，2 层为舞池和宴会厅。大舞池约 500 平方米，其弹簧地板吸引了上海各界名流巨贾争相一睹，小舞池也可供客人幽会、聊天和跳舞。3 层则是旅馆。

愚园路 361 弄 愚谷村 建于 1927 年，淡黄色的外墙，西式的阳台，红顶斜坡，线条流畅。这条弄堂内居住过不少名人，包括画家应野平、作家茹志鹃等。

愚园路 395 弄 涌泉坊 建于 20 世纪 30 年代，多为西班牙风格的 3 层新式里弄建筑，分布于弄内两侧，造型优雅且有历史感。弄内 24 号是一座西班牙风格的古堡式 4 层大宅，这是当年华成烟草公司总经理陈楚湘为自己建造的住宅。它深藏在弄堂深处，不显山露水，却别有一番韵味。

涌泉坊

百乐门舞厅

位于涌泉坊内的陈楚湘旧居

愚园路 404 号　市西中学　1869 年，中英混血的尤来旬女士创办了尤来旬学校，主要招收在沪的侨童。该校在得到英商汉壁礼爵士的捐赠后进一步发展。1946 年，近代著名教育家赵传家在该校的基础上创立了市西中学。

愚园路 419 弄 12 号　郭棣活旧居　弄内有 10 幢洋房，风格各异，为犹太商人所开发建造。12 号为永安公司创始人之一郭葵的儿子郭棣活的住宅。上海解放前夕，郭棣活毅然留在上海迎接解放。

郭棣活旧居

中华人民共和国成立后，他积极参与创办全国第一个公私合营的纺织厂，并捐巨款支援抗美援朝和国家建设。改革开放后，曾担任政协广东省第四届委员会副主席、香港特别行政区基本法起草委员会委员。

愚园路 483 弄　愚园坊　民主人士邓演达于 1931 年 8 月 17 日在这里讲课，因叛徒出卖而被捕。1931 年 11 月 29 日，邓演达在南京被国民党秘密杀害。1957 年，他的遗骸被迁葬于南京中山陵。

愚园路 520 弄 27 号 顾炳鑫旧居 建于 1936 年的四明体育弄，其 27 号曾经居住过著名版画、连环画、中国人物画画家顾炳鑫。

愚园路 579 弄 44 号 刘晓旧居 刘晓于 1934 年参加长征，1937 年 5 月受共产党中央的派遣到上海恢复和重建地下党组织，1947 年 1 月任中共中央上海分局书记，是新中国成立前中共上海地方组织的重要领导人。

愚园路 699 号 严家花园 原大隆机器厂创始人严裕棠之子严庆祥的旧居，被称为"严家花园"。花园里有一幢 3 层砖木结构的独立式住宅，建于 20 世纪 20 年代，具有北欧风格。上海解放前夕，严庆祥的弟弟严庆龄随父亲去台湾开设裕隆机器厂，他则留在上海。1957 年因病退休后，热衷慈善事业，关心祖国统一大业，还将早年在苏州购置的古典名园"鹤园"捐献给国家。

严家花园

愚园路 749 弄"特务弄堂" 看起来十分普通的弄堂，却是旧上海几大特务的老巢。当年，63 号住着李士群，65 号住着周佛海，67 号住着吴四宝。走进弄堂，不免感觉到一股诡谲的气氛。从构造来看，主弄堂侧面有支弄堂，而走进支弄堂，又会遇见更小的弄堂。走到 67 号吴四宝的住宅会看见一扇门，从门里穿过花园就能进入 32 号。而其隔壁的 31 号也是吴四宝的住宅，从这里出门又可以回到主弄堂。

愚园路 750 弄 愚园新村 1930 年，浙江兴业银行从康有为的后人处购得"游存庐"并予以拆除，在原地建造了 29 幢 3 层砖木结构的联立式洋房，取名愚园新村。著名的"七君子"之一的沈钧儒曾经居住在愚园新村 11 号。

"特务弄堂"中的李士群旧居

愚园路 858 号 杨树勋旧居 建于 1923 年的欧式独立花园别墅，局部带有巴洛克风格。曾居住在这里的杨树勋是中国研制西药第一人、近代著名药物学家、制药化学的先驱者之一、新中国卫生部药典编辑委员会委员。1937 年 8 月创办杨氏化学治疗研究所，成为我国历史上最悠久的专业生化制药厂。

愚园路 864 号 百老汇总会旧址 建于 1925 年，建筑具有简约的古典主义特征。"八一三"事变后，这一带沦为西区特务、汉奸的聚集地，而 864 号正是五家赌场合并而成的"百老汇总会"。

愚园路 865 弄 花园住宅 建于 1930 年的 5 幢英式乡村别墅，每一幢都是艺术佳作。

愚园路 1015 号 周作民旧居 建于 1930 年的独立式别墅，美观大方，东南面的 5 扇小型老虎窗很是别致，曾居住过金融家周作民。1917 年 5 月周作民在天津创办金城银行，任总经理，1935 年任金城银行总董兼总经理，次年总行迁至上海。抗战期间，周作民假托身体有病，拒与日本人合作。抗战胜利后，国民党发行金圆券，金城银行被迫交出积累的外汇，周作民个人也受到威胁避走香港。1951 年 6 月，周作民回到北京，受到新中国党和政府的重视和照顾，担任全国政协委员，继续在金融领域发挥重要作用。

愚园路 1032 弄 岐山村 岐山村是一条著名的弄堂，这里不仅有诸多官宦商贾、文人墨客生活过的痕迹，还有一些风格独特的老房子。弄内有钱学森旧居及纪念馆，还有民族企业家、知名抗日爱国人士杜重远的旧居。

愚园路 1136 弄 18 号（原 14 号） 陈友仁旧居 建于 20 世纪 20 年代末期，3 层的砖木结构的花园别墅。陈友仁是著名的华侨外交家，也是孙中山的挚友，曾任国民政府外交部长。1927 年"四一二"反革命政变后，他继续坚持孙中山"联俄、联共、扶助农工"的三大政策，揭露蒋介石背叛革命的罪行。抗战期间被日伪软禁在上海，拒绝与日伪合作直至病逝。

愚园路 1136 弄 30 号 沈镇旧居 建于 20 世纪 30 年代的花园别墅，后被"茶叶大王"沈镇购得。

王伯群旧居

愚园路 1136 弄 31 号 王伯群旧居 建于 20 世纪 20 年代，洛可可风格的城堡式建筑，恢宏大气，设计繁复，虽然大部分为对称设计，却仍足以令人眼花缭乱。曾为原国民政府交通部部长王伯群的居所。

1939年，这里被汪精卫霸占，成为伪政权驻沪办公联络处，也称作"汪公馆"。

愚园路 1203 弄 1—31 号 原卜内门洋行高级职员住宅 建于 1920 年，联列式假 4 层建筑，具有折中主义建筑风格。

愚园路 1294 号 董竹君旧居 近代企业家、上海锦江饭店创始人董竹君于 1948 年搬到了这座英式洋楼里，并将这里作为革命同志经常会面的地点。现在，此处为工商银行，游客须绕到银行的北面才能看见建筑的原貌。

愚园路 1315 弄 4 号 路易·艾黎旧居 建于 1912 年的英式建筑。1927 年，新西兰共产党人路易·艾黎来到上海后，就一直住在这里。在他的掩护下，这里成为中共地下党员的见面地点和避难所。

愚园路 1320 号 长宁金融园 共有 11 幢花园洋房，分别建于 1925 年至 1930 年，早期为外商私人产业。其东侧的 10 号楼、11 号楼和 12 号楼为最初时的新华村。现在的愚园路 1294 号的董竹君旧居原来属于新华村。原新华村的建筑均为假 4 层的红砖建筑。屋面均设老虎窗和壁炉烟囱伸出屋面，南立面有户外对称的双楼梯。长宁金融园的西侧原为联安坊的几排建筑，其中的 5 号楼是建于 1926 年的砖木结构的独立花园住宅，为著名民主人士及农工党和民盟领导人章伯钧的旧居。5 号楼曾召开过两次民主党派的重要会议：民盟一届二中全会以及农工民主党第四次全国干部会议。

1949 年后，这里为中共长宁区委、长宁区政府机关所在地。2011 年开始为一家集团公司启用。2016 年政企合作打造为长宁金融园。

长宁金融园 5 号楼

愚园路 1376 弄 34 号 《布尔塞维克》编辑部旧址 1925 年由永安公司和先施公司合资兴建，共有 25 幢新式石库门弄堂建筑，是两家公司高级职员的住所。1927 年 10 月，中共中央在此创办党中央的机关刊物《布尔塞维克》，由瞿秋白、罗亦农、邓中夏、王若飞、郑超麟组成了编辑委员会。

愚园路 1396 号 西园公寓 建于 1921 年前后，英式现代公寓，是当时西区的最高建筑。

长宁金融园 12 号楼

101

延安西路

东起华山路，西至虹桥路，全长6200米。始筑于1911年，初名长浜路，1922年更名为大西路，1950年更为今名。这是一条宽广的马路，两边的老房子在延安西路高架建设时被拆除了不少，幸好，那些著名的历史建筑还保留了一些。

延安西路949弄25—47号 永安公司郭家老宅 建于1900年的德式花园住宅，建筑面积1640平方米，由主体和附属部分组成，3层砖木结构。陡坡屋面，折线形檐口。现在看见的房子有加建的部分。郭家的后代郭婉莹曾经长期居住于此。晚年有人问她为什么不移民到她的出生地悉尼，她说："因为我是中国人，我的整个生活在上海。"

延安西路934号 私立妇孺医院旧址 建于1935年，由中国设计师庄俊设计，6层钢筋混凝土结构的现代派建筑。

延安西路918号 达华公寓 装饰艺术风格与现代风格混合的建筑。邬达克在上海的最后几年就居住于此。

延安西路601号 延安中学 城堡式建筑，曾经是兵营。

延安西路379弄28号 胡兰成旧居 美丽园是建于1912年的新式里弄住宅，清水红砖的英式风格。1944年春的某一天，张爱玲按照胡兰成留下的地址寻觅至此。那次见面，让这位高傲的才女与胡兰成一见钟情。为这一见钟情，她付出了沉重的代价。1944年，胡兰成离婚后与张爱玲秘密结婚。1947年，张爱玲给胡兰成写信，提出分手。

延安西路238号 意大利总会旧址 建于1925年，欧洲文艺复兴时期建筑风格，东立面入口的柱廊由数对爱奥尼克双柱支撑。

永安公司郭家老宅

胡兰成旧居

延安西路 221 号 宏恩医院旧址 建于 1926 年，由邬达克设计，占地 2300 平方米，欧洲文艺复兴时期风格，平面呈"工"字形，立面的装饰线丰富而精细，内部装饰十分考究。1950 年，宏恩医院被改建为华东医院。

延安西路 64 号 大理石宫 建于 1924 年，建筑面积 4700 平方米，因整幢建筑以大理石为主要建材而被称为"大理石宫"。这里曾经是半岛酒店创始人嘉道理爵士的私人住宅，现为上海市少年宫。

宏恩医院旧址

大理石宫

江苏路

北起长宁路，南至华山路，修筑于1906年，全长1649米，初名忆定盘路，1943年更为今名。沿路有不少西班牙式庭院住宅和花园别墅，也是一条有故事的马路。

江苏路46弄5号 唐云旧居 江苏路46、54、62、70、78弄为联立式老公寓建筑，拥有70多幢建筑，原名中央一村。住在这里的画家唐云与住在不远处的傅雷往来密切。唐云与江寒汀、张大壮、陆抑非被誉为海派画家"四大名旦"，犹擅花鸟画。

江苏路155号 市三女中 由1892年创办的中西女中和1881年创办的圣玛利亚女中组成。原中西女中的景莲堂建于1935年，由邬达克设计。张爱玲于1937年毕业于圣玛利亚女中，1939年就读于香港大学。1941年她因太平洋战争而中断学业回沪，与姑姑一起住进了爱林登公寓。

江苏路284弄5号 傅雷旧居 弄内有5幢建于20世纪30年代的花园洋房。傅雷旧居就在弄堂口的独家小院

俯瞰市三女中

里，米黄色的3层洋楼，掩映在绿树之中。住在附近的施蛰存是傅雷家的常客。天气好的时候，两个人就坐在这个院子里赏花、喝茶、聊天。

江苏路480弄 月村 建于1921年左右，原有22幢花园别墅，因江苏路拓宽而拆除了部分建筑。值得一提的是，王安忆的长篇小说《长恨歌》里的女主角王琦瑶的原型蒋梅英曾经长期居住在这里。

江苏路495号 忆定村 在月村的对面，曾经是高档的新式里弄住宅，现在虽已华丽不再，却依稀可见昔日的不凡气度。

武定西路

东起武宁南路，西至江苏路，修筑于1911年，初名开纳路，1943年更名为开源路，1950年更为今名。这条只有几百米的马路透着一股贵族气息，也因居住过张爱玲而声名远扬。

武定西路1498号 潘三省旧居 竣工于1936年的西式古典花园住宅，原为潘三省开设的赌场——兆丰总会，内部极其奢华。现为上海爱乐乐团驻地。

武定西路1420号 明月新村 建于1937年的新式里弄，共有16幢建筑。张爱玲的舅舅住在明月新村，他与张爱玲的母亲是孪生兄妹，感情甚好。张爱玲时常从开纳公寓到明月新村给舅舅送饭。

潘三省旧居

武定西路1375号 开纳公寓 建于1932年的现代派公寓建筑。张爱玲18岁时因与继母发生口角而被父亲软禁，逃出后随姑姑住进了开纳公寓。

武定西路1357号 史良旧居 这座3层的欧式花园住宅有一个很特别的大烟囱。史良是中国妇女运动中的先驱人物，1919年参加过"五四运动"，是著名的"七君子"之一。

武定西路周边：

万航渡路540号 华园 华园内有2幢砖木结构的建筑，属于维多利亚时代的新文艺复兴风格。屋面平缓，外墙的连续半圆券廊和落地窗很是华丽。这2座建于1925年的豪华大宅曾属于清末邮船部大臣盛宣怀的四子盛恩颐。盛恩颐的一生，前期大富大贵，后期穷困潦倒，最终死于盛家的另一祖业——苏州"留园"。

市三女中内的景莲堂
入口处的彩色玻璃

第 9 站

大师杰作新华路

迷失在弄堂里　岁月斑驳

美的韵律　空灵

丁香弥漫　岁月静好

就这样漫步

不知今夕是何年

新华路、番禺路漫步示意图

新华路

全长2434米，东起淮海西路，西至延安西路。修筑于1925年，初名安和寺路，1943年更名为察哈尔路，1947年更名为法华路，1965年更为今名。这是一条布满梧桐和水杉的街道，美丽的建筑一幢挨着一幢，其中，大师邬达克的作品分外引人注目。新华路211弄和329弄是一条"U"形的互通的弄堂，因旧时住的外国人多而被称为"外国弄堂"。更值得一提的是，邬达克给自己建造的房子就紧邻新华路。

新华路153号 花园别墅 半露明的棕色木结构为别墅勾画出独特的轮廓，绿荫掩映着它的古朴气息与异国情调。现为餐厅。

新华路179号 德式住宅 建于1925年的德式大型花园别墅住宅。双坡屋面、白色水泥拉毛墙面、半露明的黑灰色木制构架，都是该建筑引人入胜之处。

新华路185弄 花园住宅群 1号为假3层砖木结构，白色浮雕和大露台、高耸的烟囱和烟囱顶部的砖饰，都是非常值得细看的。5号内有3幢风格迥异的别墅建筑。这里是由邬达克主导设计的"哥伦比亚圈"的外国住宅之一。

新华路200号 中式花园住宅 建于20世纪30年代的中西合璧的3层建筑。西式的格局之上充满了中国元素，红色琉璃瓦铺设的屋面是传统式的，南立面入口的柱廊稳重大气，也带着一股浓浓的中国味。

新华路153号

新华路179号德式住宅的南立面

新华路211弄1号 花园住宅 建于1940年左右的西班牙式花园别墅，砖木结构，是邬达克的精心之作。曾经是上海哥伦比亚唱片厂英籍经理的住宅。

新华路211弄1号

新华路211弄2号 李佳白旧居 这是一幢英国乡村式别墅，尖顶斜坡，建于1925年，是新华路上最早建造的洋房，曾经是美国传教士李佳白的住宅。

新华路211弄2号李佳白旧居

新华路231号 荣漱仁旧居 建于1932年，英国乡村别墅风格，陡坡屋面、老虎窗、敞廊都带有原汁原味的英式特征。这里原是上海女实业家荣漱仁结婚时娘家陪嫁的住宅，后由荣家捐给了国家。

盛重颐旧居

新华路 315 号 盛重颐旧居 建于 1930 年的英国乡村式别墅建筑，原是盛宣怀第五子盛重颐的住宅。

新华路 329 弄 17 号 薛福生旧居 这是一幢典型的西班牙风格的双层圆形花园别墅，由邬达克设计。曾经是上海棉纺业巨头薛福生的居所。

新华路 329 弄 36 号 周均时旧居 这座圆形的 2 层别墅在国内不多见，人称"蛋糕房"，是邬达克设计的经典之作。这里曾经是原同济大学校长周均时居住的地方。

新华路 336 号 陈香梅与陈纳德旧居 建于 20 世纪 30 年代的法式 2 层花园洋房，1947 年，美国"飞虎将军"陈纳德与其华人妻子陈香梅曾经居住于此。1950 年，上海锦江饭店创始人董竹君也曾居住于此。

新华路 365 弄 FICS 新华 365 其前身经历了德式花园洋房、上海搪瓷研究所以及东华大学学生宿舍楼等变迁，有着浓厚的文化和历史底蕴。现在，这里摇身一变，成为由数字科技、文化创意、美好生活、潮流时尚、美食天地、知识宝库组成的新华生活圈。

FICS 新华 365 创意园区

FICS 新华 365 创意园区内的德式建筑

新华路一角，图片下方的左侧为新华路211弄，右侧为新华路185弄

新华路483号 金润痒旧居 建于1947年的现代派3层建筑，建筑面积8736平方米，立面简洁，线条流畅，半圆形的阳光房和大玻璃窗富有现代气息。原为"造纸大王"金润痒住宅，也曾经居住过戴笠和胡蝶。

新华路593弄 梅泉别墅 由房地产商人吴其达于1933年投资兴建的别墅群，全部是砖木结构。吴其达曾经居住在弄内10号。弄堂里曾经有一处水池，水边有梅花，故称"梅泉别墅"。

新华路593弄20号 张君然旧居 张君然为原国民政府海军司令部海事处上尉参谋，曾经是收复西沙群岛的将领。

番禺路

北起延安西路，往西南延伸至凯旋路，全长2400米，修筑于1925年，初名哥伦比亚路，1943年更为今名。它虽然没有新华路那么有名气，却凭借邬达克的住宅被人记住。其实，这里还是有不少漂亮的老房子值得观赏。

番禺路129号 邬达克旧居及纪念馆 建于1930年，由2幢相连的英国乡村样式的别墅组成。建筑纵横交错，其大烟囱和大梁上精美的雕刻都是极有观赏价值的。匈牙利人邬达克（1893—1958）是20世纪20年代至20世纪30年代活跃在上海的著名建筑设计师。他1914年毕业于布达佩斯皇家学院建筑系，同年入伍参加第一次世界大战，1916年在俄国被俘。1918年，邬达克从西伯利亚逃至上海，从此开始了建筑设计师的生涯。他为上海设计了60多座建筑，留下了可贵的文化遗产。1937年，邬达克卖掉了番禺路上的住宅，率领全家住进了达华公寓，直至1947年离开上海。

番禺路60号 孙科旧居 这座稳重而独具魅力的建筑是邬达克为自己设计的，正位于邬达克住宅的斜对面。后来，邬达克将这座房子低价卖给了孙中山的儿子孙科。延安西路1262号的生物制品研究所为其入口。

番禺路64号 延安西路1262号 哥伦比亚乡村俱乐部 建于1924年，由哈沙德洋行设计，西班牙风格建筑，为美国驻沪领事馆为在沪英美侨民建造的娱乐和社交的场所，其边上的美国海军俱乐部及附属的游泳池也是哥伦比亚乡村俱乐部的一部分。1951年1月上海生物制品厂迁到延安西路1262号的原美国乡村俱乐部，1951年4月更名为华东生物制品研究所，1956更名为上海生物制品研究所。2016年由上海万科改造之后变身休闲公共空间上生新所。

哥伦比亚乡村俱乐部的主入口位于北侧的中央

邬达克旧居及纪念馆

哥伦比亚乡村俱乐部所属美国海军俱乐部及游泳池

番禺路 55 弄、75 弄、95 弄 "外国弄堂" 这里是以邬达克为主设计的 "哥伦比亚圈" 的一部分，有 21 幢 3 层的联体别墅，被称为 "外国弄堂"。

孙科旧居

M+ 幸福里创意园区 番禺路 381 弄

番禺路 381 弄 M+ 幸福里创意园区 其前身为 20 世纪 60 年代创建的上海橡胶研究所在地。如今已被改建成了一座新兴的集创意办公、文化艺术产品展示及商业休闲等多种业态于一体的综合型产业园区。

番禺路 508 号 詹姆斯·格雷厄姆·巴拉德旧居 20 世纪 80 年代，斯皮尔伯格在上海外滩等地实拍《太阳帝国》，这可能是中国第一次也是最后一次向好莱坞电影团队大规模开放公共空间。日本军队在上海街道上列队行进，与中国抵抗力量枪战，用坦克碾轧英国侨民的轿车。外滩街区被关闭，分道线被涂覆，数千群众演员走上街头，外白渡桥边架起铁丝网路障，黄浦江中的快艇挂着太阳旗。摄制现场令很多年长的上海人想起几十年前在相同地点的相同画面。

这部影片是根据英国科幻小说家和文学评论家巴拉德的自传体同名小说改编。他 1930 年在上海出生，珍珠港事件后被日军羁押在上海的龙华集中营。巴拉德本人受导演邀请在英国和邻居们一起参加了几个镜头的拍摄，并未借此机会亲临现场。否则，无论是 80 年代的上海，还是短暂叠加于其上的三四十年代景象，在他眼中都会是超现实的。90 年代初，BBC 拍摄关于巴拉德的专题纪录片时，他随剧组回到阔别多年的上海，算是完成了一个心愿。和如今相比，他童年的生活空间在当时还算保存完好。他在故居中认出了当年使用的蓝色油漆，甚至找到了自己用来放漫画的小书架，感觉像是走进了"时间胶囊"。他参观了自己曾住过的龙华集中营，在房顶对着镜头介绍周边所有建筑在当年的功用，在生活了将近三年的小房间中回忆当年父母姐姐床铺的位置。

法华镇路 东起淮海西路，西至延安西路。其得名于北宋所建的法华禅寺。1958年之前，这里是一条名叫法华浜的河道。如今法华禅寺已经消失，其遗址上是今日的交通大学法华校区。

法华镇路 525 号 法华寺遗址 现在的法华镇路 525 号是"德必法华 525"创意园区，其前身为创建于 970 年的法华寺。法华寺因《妙法莲华经》而得名。根据记载，在 1860 年太平军进攻上海时，曾在法华寺内存放火药，由于管理疏忽导致爆炸，寺院几乎被夷为平地。如今的法华镇路 525 号的地下遗存着法华寺大雄宝殿的立柱基座的废墟。

法华镇路 535 号 正始中学旧址 如今的法华镇路 535 号为上海交通大学法华校区。原是法华寺的一部分，以及在 1930 年在法华寺遗址上建立的正始中学旧址。正始中学是杜月笙创建的学校，其教学楼及著名的大礼堂为中国建筑师奚福泉设计。这座现代主义建筑至今保留在上海交通大学法华校区的中部位置。

设计师奚福泉是上海浦东人，1929 年取得德国柏林工业大学建筑科工学博士学位后归国，1930 年加入公和洋行，翌年入启明建筑公司，1935 年创办公利营业公司。他在启明时期代表作为上海的柯灵故居、自由公寓、虹桥疗养院、浦东同乡会大厦，以及南京的国民大会堂。

法华镇路 525 号的法华寺遗址

第 10 站

舟山路与犹太人

一条短短的马路

一座贮藏着历史的教堂

一家叫白马的咖啡馆

一座小小的公园

舟山路及周边漫步示意图

- 提篮桥监狱 长阳路147号
- 扩大难民收容所旧址 长阳路138号
- 美犹联合救济委员会旧址 霍山路119号
- 霍山公园 霍山路118号
- 白马咖啡馆 长阳路67号
- 摩西会堂旧址 长阳路62号
- 布鲁门撒尔旧居 舟山路59号
- 远东反战大会旧址 霍山路85号
- 百老汇大戏院旧址 霍山路57号

街道：保定路、长阳路、临潼路、霍山路、安国路、昆明路、唐山路、舟山路、海门路、长阳路、昆明路、霍山路

舟山路 南起霍山路，北至岳州路，全长1043米，修筑于1905年。1933年至1941年，从德国、奥地利、匈牙利等地逃出的大批犹太难民辗转逃到上海，与当地居民和谐相处，共渡难关。他们主要集中居住在提篮桥地区，其中舟山路、长阳路、霍山路人数最多，大约有2万名。

舟山路59号 布鲁门撒尔旧居 这一带曾经是犹太难民聚集的商业中心，面包店、咖啡店、洗衣店、裁缝店鳞次栉比，底层全部是商店，2楼以上则是犹太人居住的地方。其中59号建于1910年左右，具有英国安妮女王时期的建筑风格，清水红砖，外廊券式。曾担任美国卡特政府财政部长的布鲁门撒尔第二次世界大战期间随家人从柏林逃难至上海，正是居住在这里，时年13岁。2005年他再来上海时说："不是我们选择了上海，而是上海选择了我们。上海救了我们。"

霍山路 西起海门路，东至兰州路，全长2263米，修筑于1895年，初名汇山路，1943年更为今名。沿路与舟山路结合处有多座当年犹太难民的住宅和一座公园。

霍山路57号 百老汇大戏院旧址 这是当时的隔离区内唯一的娱乐场所，是犹太人聚会、交流信息的地方。楼顶的平台被称为"罗伊屋顶花园"，是犹太难民最喜欢的聚集地，可供他们享受难得的快乐时光。

霍山路85号 远东反战大会旧址 建于20世纪20年代末期，砖混结构假3层红砖毗连式建筑。1933年9月30日，宋庆龄在此筹办并主持召开远东反战大会，通过了《反对帝国主义战争反法西斯的决议宣言》，并正式成立了远东反战同盟中国分会，宋庆龄当选中国分会主席。

远东反战大会旧址

霍山路118号 霍山公园 建于1917年,占地3700平方米。第二次世界大战期间,犹太难民经常在这里休息和聚会。公园内有一座"无国籍难民限定居住区"纪念碑。公园虽然很小,却是隔离区内的犹太难民不可多得的"自由之地"。公园内有一幢小楼是2007年由以色列政府和企业捐资修缮的,其目的是纪念犹太难民在上海得到的无私关怀。

霍山路119号 美犹联合救济委员会旧址 建于1910年的假4层建筑,连续的拱券红砖青砖建筑带着巴洛克的曲线。二战时期,大批的欧洲犹太人为躲避纳粹的追捕和杀戮而来到上海,美犹联合救济委员会驻沪的分支机构设立于此,为生活在此的犹太难民提供救助。

霍山公园内的犹太人纪念碑

长阳路 西起海门路，东至内江路，全长4500米，修筑于1901年，初名华德路，抗日战争期间更为今名。1942年，日本人在长阳路的西段开辟了犹太人隔离区，留下了一段不堪的历史记忆。

长阳路62号 摩西会堂旧址 这是一幢1907年建造的私宅，3层砖木结构的建筑，青砖墙面辅以红砖装饰，门窗有拱券，外廊式的走道连廊是其最主要的特色。整个建筑朴实而稳重，室内的木制扶梯的扶手雕刻精美。

1927年，俄罗斯犹太人集资将摩西会堂迁入这里，使这里成为一所供俄罗斯犹太人和中欧犹太人使用的会堂。这是当时最大的犹太人社团，曾经为犹太难民提供了重要的精神支柱。

今天的上海犹太难民纪念馆，已成为整个上海关于犹太难民历史记载和实物资料保存最为齐全的地方。除了摩西会堂旧址以外，纪念馆还建造了一个展示厅。展示厅以大量的图片、实物、多媒体播放系统等再现了那段犹太人在上海的历史。

长阳路138号 犹太难民收容所旧址 原是白俄商团的营房。1939年，日本当局命令所有1937年后抵沪的犹太难民迁入"无国籍难民隔离区"，长阳路138号的兵营成了难民收容所。在这里，日本人禁止犹太人出入长达1年之久。居住在收容所周围的上海市民采用"空投"饼干、面包等食物的方法，救助了2000多位犹太难民。最后，大部分犹太难民奇迹般地活了下来。

长阳路67号 白马咖啡馆 2015年9月，曾经吸引大量犹太难民聚会的白马咖啡馆在被毁多年后按照原样重建再次对外开放。1楼是咖啡馆，2楼和3楼有不少有关犹太难民的历史影像。咖啡馆门前草坪上的雕塑《风雨同舟》令人印象深刻。

长阳路147号 提篮桥监狱 这座监狱最早由上海公共租界工部局始建于1901年，由英国驻新加坡工程处设计中标，当年年底动工兴建，启用于

1903年5月。提篮桥监狱旧址占地60.4亩，拥有10幢4—6层监楼，近4000间囚室，还包括工厂、医院、炊场、办公楼等建筑，总面积达7万多平方米，曾号称"远东第一监狱"。提篮桥监狱已于2024年7月1日完成整体搬迁至青浦青东农场监狱片区。提篮桥监狱旧址的未来规划包括保护性开发和功能置换，将打造一个文化中心和上海监狱陈列馆。

提篮桥监狱旧址

摩西会堂旧址

白马咖啡馆与门前的雕塑《风雨同舟》

第 11 站

河边的沙泾路

> 不知所措的惊异和莫名的喜欢
>
> 是因为一条缓缓流淌的小河吗

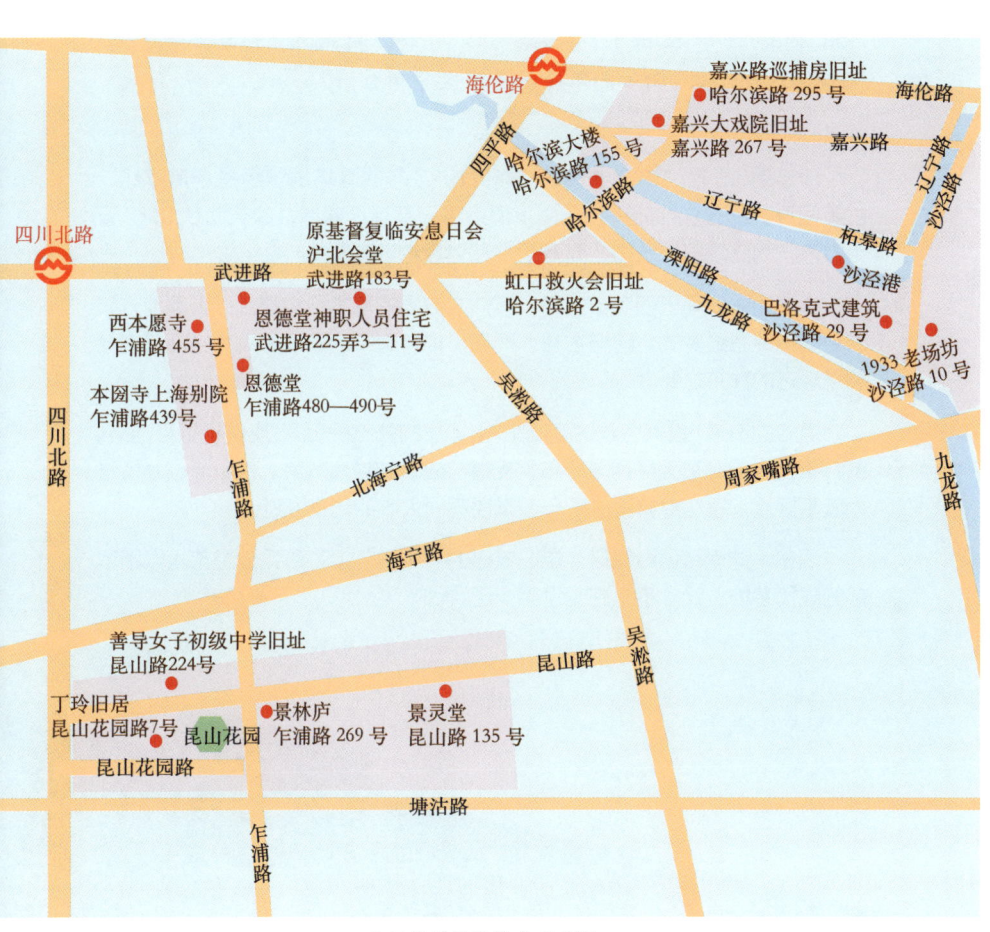

沙泾路及周边漫步示意图

沙泾路 南起溧阳路，北至梧州路，是一条沿着沙泾港蜿蜒的小路。沙泾路两岸及周边的哈尔滨路、辽宁路、嘉兴路已经被整体开发成上海音乐谷，并衍生出了1933老场坊、半岛湾时尚文化创意产业园、1913老洋行创意园区等项目。

沙泾路10号 1933老场坊 建于1933年的老场坊曾经是个屠宰场，由英国设计师巴尔弗斯设计，由上海余洪记营造厂建造，建筑面积3.17万平方米，钢筋混凝土结构，高5层，墙体厚约50厘米。

建筑为古罗马巴西利卡风格，其外方内圆的基本结构符合"天圆地方"的中国传统思维方式。这座古朴、严谨、构造奇特的建筑，只有身临其境才能发现它的独特之处。

盘旋的廊道，错落有致的高低空间，4层的外廊桥和26座斜桥相互连接。300根宽大的伞形大柱均匀分布，支撑起建筑的雄伟气势。牲畜通过廊桥进入屠宰区域，每座廊桥宽度不一，以便不同大小的动物通过。

现在，这里是创意园区。走在曾经的"牛道"上，所见皆是艺术氛围浓郁的现代装饰，让人不禁感叹世事变迁。

1933老场坊

右边高耸的尖塔是沙泾路 29 号

沙泾路 29 号 巴洛克式建筑 建于 1935 年，高 3 层，局部 4 层，钢筋混凝土结构，具有巴洛克风格。这里也是老场坊的一部分，是当时屠宰场的处理车间。现已改建为创意办公场所。

沙泾港 沙泾港的岸边聚集着不少老建筑，幽静和洁净是它们给人的第一感觉。周边的石库门弄堂也值得一探，可在曲径通幽处寻觅隐匿的时尚与创意。

哈尔滨路

南起吴淞路，北至海伦路，全长 400 米。修筑于 1913 年，初名汤恩路，1943 年更为今名。这是一条短短的马路，却因为有沙泾港的环绕而充满情调。

哈尔滨路 155 号 哈尔滨大楼 红色砖墙的哈尔滨大楼，还有它所组成的半岛湾创意园，都吸引着络绎不绝的游人。创意园的河岸风光很是醉人，建议在河边小坐。

虹口救火会旧址

哈尔滨路2号 虹口救火会旧址 竣工于1917年，混砖结构，文艺复兴风格。整个建筑呈弧形凹入，留出了前场的空间。屋顶的方形塔楼顶部有一座六边形的瞭望塔，这是中国最早建立的消防瞭望塔之一，也是上海仅存的8座救火会建筑之一，具有里程碑式的意义。

哈尔滨路295号 嘉兴路巡捕房旧址 建于1907年的碉堡状小楼，看上去坚实稳重，曾因1932年10月15日关押过陈独秀而轰动一时。

哈尔滨路周边：

嘉兴路 267 号　嘉兴大戏院旧址　在哈尔滨路与嘉兴路的交叉口上。这座建于 20 世纪 30 年代的嘉兴大戏院，今天已经成为供大型女子偶像团体 SNH48 演出的星梦剧院。

武进路 183 号　原基督复临安息日会沪北会堂　建于 1905 年，拥有清水红砖和连续尖券窗的 3 层建筑。1933 年，鲁迅曾经租用该场地举办"俄法书籍插画展览会"。

昆山路 135 号　景灵堂　建于 1923 年的哥特式红砖墙教堂，平面呈拉丁十字形。宋美龄曾经是这里的唱诗班成员。1930 年，蒋介石在此受洗。宋美龄和蒋介石的婚礼也是在此举行的。今天的景灵堂唱诗班很有名气。

昆山路 224 号　善导女子初级中学旧址　建于 20 世纪 20 年代，为英国安妮女王风格的外廊式连体长型建筑。初名虹口西洋女学堂，由法国天主教拯亡会于 1893 年创办于原北河南路 20 号，并于 1929 年迁址于此。1933 年，虹口西洋女学堂改名为善导女子中学。1952 年由市政府接管后，改名为上海市第五女中，后又改为上海市第五中学。

昆山花园路 7 号　丁玲旧居　1933 年 5 月 14 日，丁玲在此被国民党特务抓捕，经社会各界多方营救出狱后奔赴延安。

乍浦路 455 号　西本愿寺　建于 1931 年，仿日本西本愿寺式样，带有印度佛教的建筑特征。大门口的白色浮雕刻有群鸟和莲花叶瓣的图案。原为日本佛教庙宇西本愿寺上海别院。

乍浦路 269 号　景林庐　建于 1923 年，典型的外廊式建筑，具有英国安妮女王时期的建筑风格。转角处的金色塔顶引人注目。

原基督复临安息日会沪北会堂

景灵堂

善导女子初级中学旧址

丁玲旧居

西本愿寺

乍浦路 439 号 本圆寺上海别院　这是建成于 1922 年的建筑。其前身可追溯到 1899 年 10 月，日本京都日莲宗妙觉寺在此设"日宗宣教会堂"，1901 年改称"妙觉寺别院"，1905 年命名为"本圆寺"。1922 年新建寺院建筑，即为我们今日所见。

乍浦路 480—490 号 恩德堂　建于 20 世纪 30 年代，砖木结构，红色清水砖墙，有通高壁柱和拱券。恩德堂由上海中华福音会创立，为外侨的专用教堂，后改称"联合布道会堂"。1958 年，联合布道会堂由虹口区人民政府接收，为虹口区科技协会、集体事业管理局等机构使用。

武进路 225 弄 3—11 号 恩德堂神职人员住宅　建于 20 世纪 30 年代，砖木结构，外墙以青砖为主，有双门毗连的入口。时为恩德堂的神职人员居住。

本圆寺

恩德堂

第 12 站

长海路的城市记忆

不屈的城市

梦回不朽的记忆

曾经的宏愿和沧桑

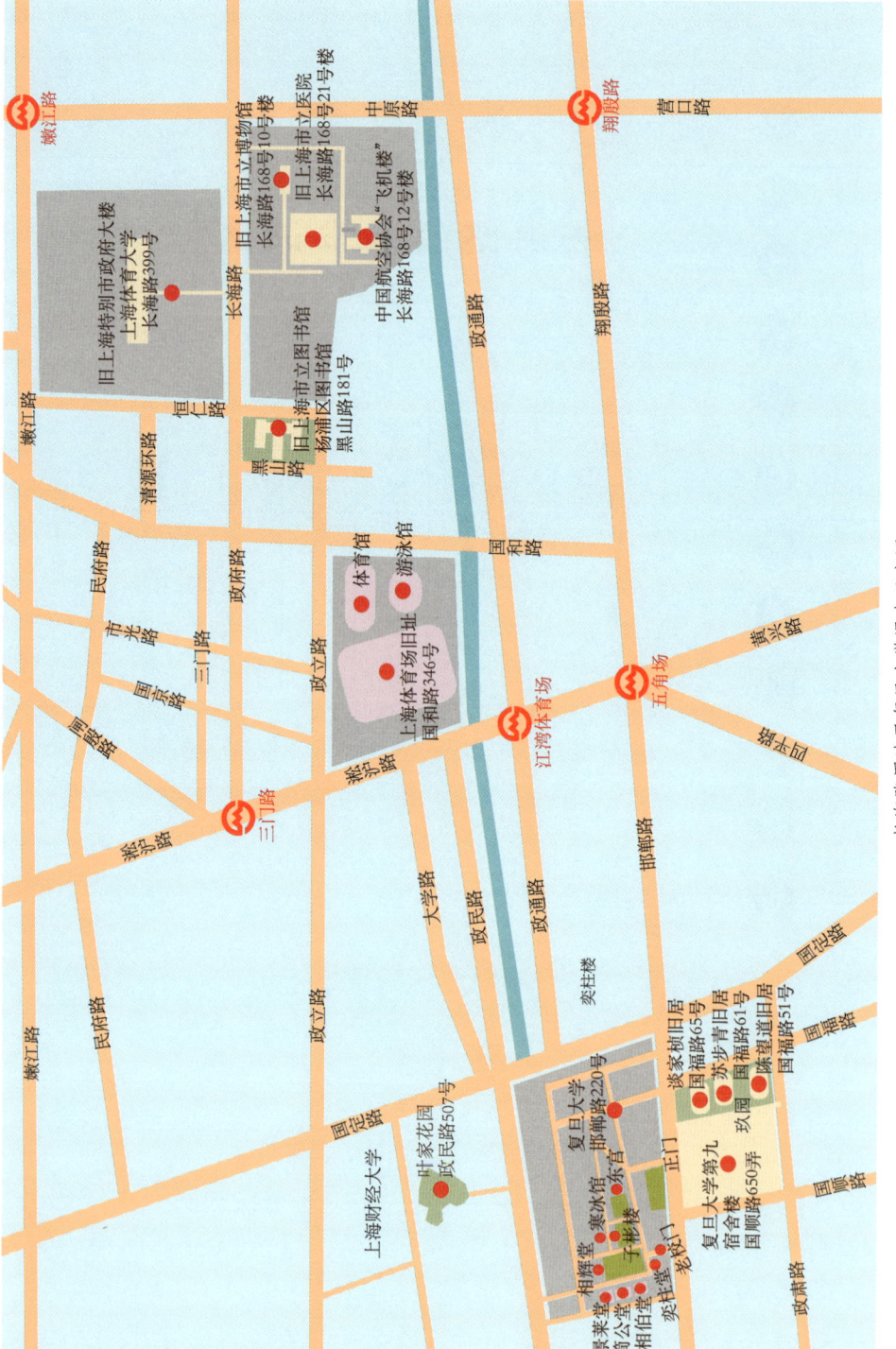

长海路周边及复旦大学漫步示意图

长海路 为东西走向,其中,中原路至国定路这一段曾经是民国时期上海特别市政府所在地。20世纪前30年,上海形成了华界、公共租界、法租界三足鼎立的局面。当时的华界在城市建设方面较为落后,就连市政府的办公场所也略显寒酸。为了从根本上改变华界面临的问题,国民政府制定了"大上海都市计划"。

1933 年至 1935 年,杨浦区的江湾五角场附近相继建成了市政府大楼、市立图书馆、市立博物馆、航空协会"飞机楼"、市立医院、市立体育场。

1937 年 8 月 13 日,日军大规模进军上海,江湾地区成为中日军队交战的第一线。市政府机关在事变的当天迁回徐汇区平江路 48 号的原办公地址。上海沦陷,"大上海都市计划"也就此中断。

时过境迁,当年的市政府现在是上海体育大学,当年的市立博物馆则成为长海医院的影像楼。市立图书馆成为杨浦区图书馆,只有江湾体育场依然履行着原来的使命。另外,原航空协会的飞机样式的大楼现属长海医院,若要俯瞰"飞机楼"的全貌,须到附近的病房大楼楼顶。

这里的景点相对比较集中,所花的时间不多。不过,如果徒步去叶家花园,是要走一段路的。

长海路 399 号 旧上海特别市政府大楼 位于今天的上海体育大学校园内。该建筑落成于 1933 年 10 月 10 日,是民国时期上海市政府官员的办公之地,属清代宫廷式样。在欧式建筑众多的上海,这是不多见的。大楼的北面矗立着孙中山的雕像。落成典礼当日,这里举行了一场千人集体婚礼。

长海路 168 号 21 号楼 旧上海市立医院 动工于 1934 年,由中国著名建筑设计师董大酉设计,是"大上海都市计划"的产物之一。按照当时的设计,市立医院应该有 8 幢楼房,却因为"大上海都市计划"的中途夭折而只建造了这一幢。这是一座稳重而不失优雅的 3 层钢筋混凝土结构的建筑,1956 年按原样加建了一层。现为长海医院普外科二病区。

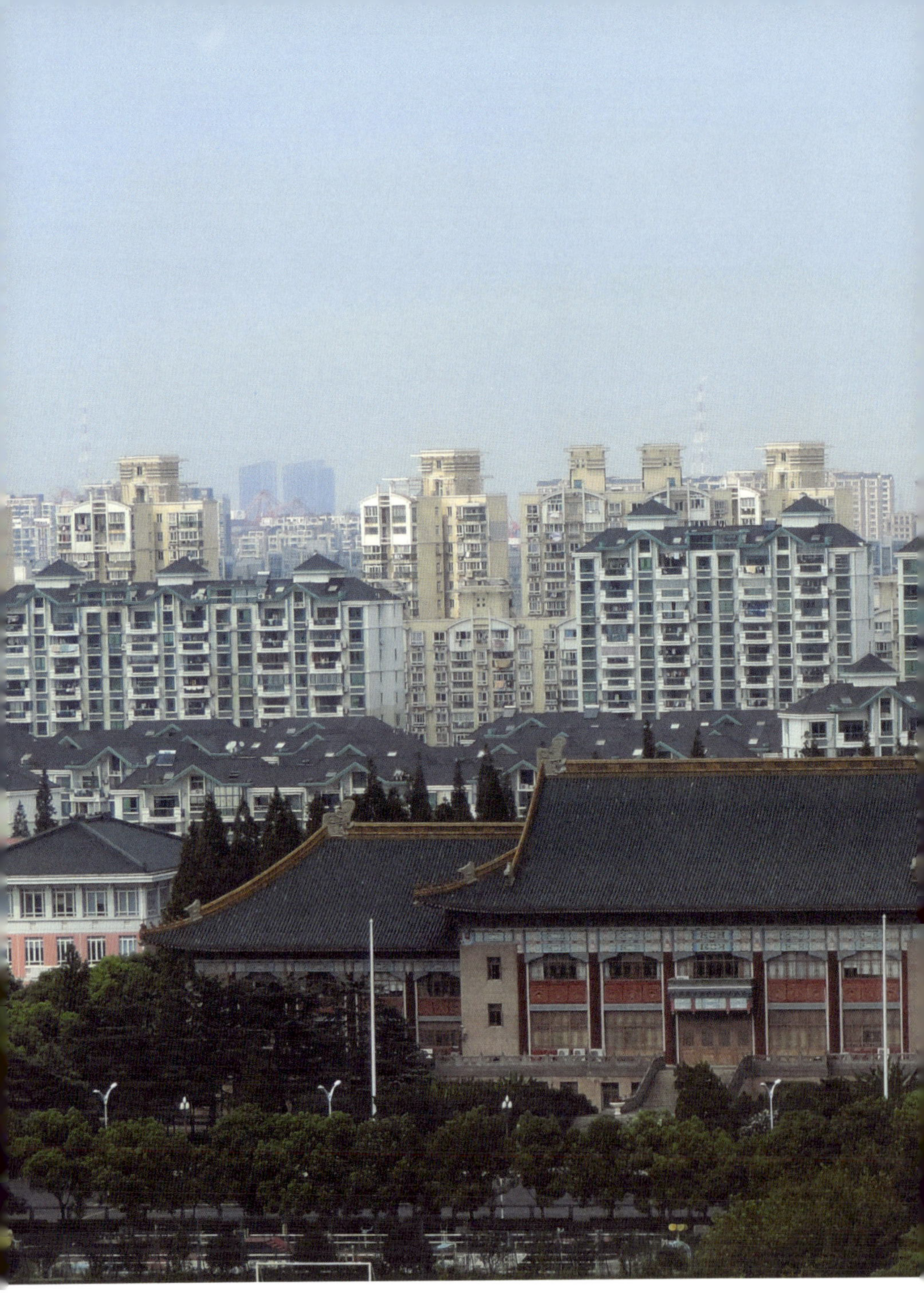

旧上海特别市政府大楼

长海路 168 号 10 号楼 旧上海市立博物馆 建于 1934 年，由中国著名建筑设计师董大酉设计，是"大上海都市计划"的产物之一。其外形的顶部有北京鼓楼的风格，琉璃瓦的屋顶和重檐下则是西式建筑的格局。1936 年 2 月落成对外开放后，曾举办"中国建筑展览会"，参观人数众多。现为长海医院影像楼。

长海路 168 号 12 号楼 中国航空协会"飞机楼" 1933 年 10 月 12 日，中国航空协会会所奠基仪式在这里举行。1936 年 5 月 5 日，这座外形酷似飞机的建筑正式对外开放。"飞机楼"由中国著名建筑设计师董大酉设计，正门的右侧有一块奠基石，上面记载着该建筑的历史。游客可以在附近的住院大楼楼顶观望"飞机楼"的宏伟气势。现为第二军医大学的校史馆。

中国航空协会"飞机楼"

长海路周边：

黑山路 181 号 旧上海市立图书馆 建于 1934 年，由中国著名建筑设计师董大酉主持设计，是"大上海都市计划"的主要建筑之一。由于当时的经济原因，其建造计划只完成了一半，就投入使用。抗日战争胜利后，图书馆为同济中学所使用。2000 年后，由于长时间闲置，建筑风化和损坏严重。2014 年 5 月，维修改建方案出炉，之后，对建筑进行了维修和部分扩建，现为杨浦区图书馆。

旧上海市立图书馆

国和路 346 号 上海体育场旧址 建于 1934 年，由中国著名建筑设计师董大酉主持设计，占地约 20 万平方米，由运动场、体育馆、游泳池三大建筑构成。运动场大看台为整座体育场的主体，是长达千米的环形建筑。现为江湾体育场。

上海体育场旧址的主入口，现为江湾体育场的主入口

141

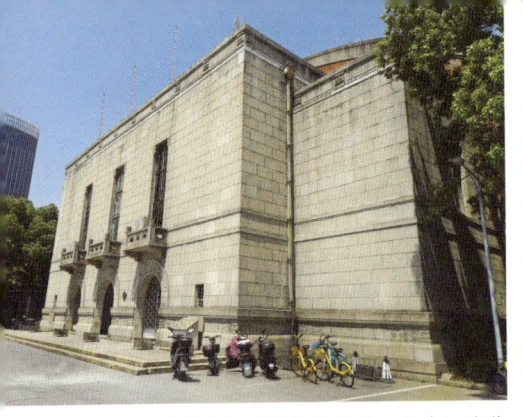

上海体育场所属的体育馆,现为江湾体育中心综合馆

上海体育场所属的游泳池,现为江湾体育中心游泳馆,游泳馆前展示的是已退役的滤水机

政民路507号 叶家花园 位于原江湾跑马厅旁,在今上海市第一肺科医院内。1910年江湾跑马厅建成后,浙江镇海巨贾叶澄衷之子叶贻铨从所获利润中筹款,建造了这座花园,主要供赛马赌客休息、游乐。1923年春,花园初步建成并对外开放。它占地5万余平方米,内设弹子房、瑶宫舞场、电影场、高尔夫球场。

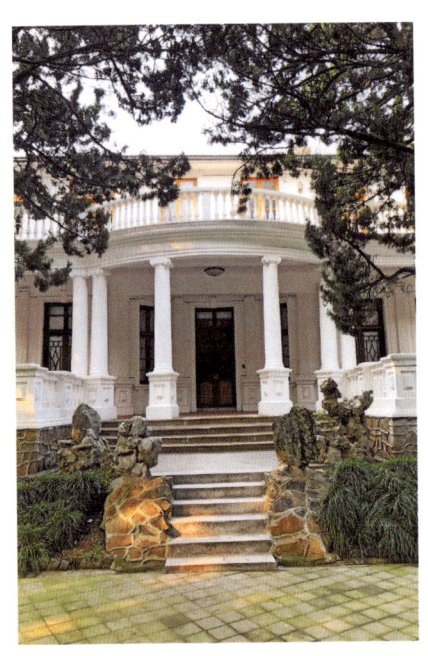

叶家花园的小白楼

叶家花园的园景

邯郸路

西起逸仙路，东至五角场，长2640米。1922年筑路，取引翔、殷行两乡各一字命名翔殷路。1929年改名翔殷西路。1947年以美国空军中国战区参谋长名改名魏德迈路（Wedemeyer Road）。1950年以地名河北邯郸改今名。著名的高等学府复旦大学就坐落于此。

邯郸路220号 复旦大学 复旦大学由马相伯创建于1905年，初始为复旦公学，当时的校舍位于上海吴淞。1912年，复旦公学迁址上海华山路上的李鸿章祠堂。1918年1月，为筹建复旦新校园，李登辉赴南洋募捐。6月，他筹得华侨资助的15万元款项返沪后，即在上海江湾购地70亩。1920年，复旦大学永久校基的3座中国式楼宇在江湾奠基。由美国人墨菲设计的江湾复旦大学校园于1922年竣工。当时，由于建造资金有限，只建造了一个办公楼兼图书馆（今奕住堂）、一个教学楼（今简公堂）和第一学生宿舍楼。这3座楼宇构成了江湾校舍的最初形态。抗日战争期间，复旦西迁，先至庐山，后至重庆北碚，此时，复旦校园被日军炮火轰炸，最初的3座楼受损严重，其中的第一学生宿舍被毁。1946年，复旦重回上海江湾校园。1947年，在被毁的第一学生宿舍的废墟上再建了登辉堂（今相辉堂）。1949年后，复旦大学迎来了崭新的历程，校园的教学楼和师生宿舍不断延伸至东片区和南片区。在一百多年教书育人的大学历史中，留下无数精英学生和伟大教授的动人故事。校园内有许多建筑值得欣赏。

老校门 如今的仿古木制校门，还原的是1921年复旦大学正门之原貌。

复旦大学老校门

相伯堂

相伯堂 这是 1933 年复旦大学面向社会筹款建起的中国式建筑，以复旦创始人马相伯的名字命名为相伯堂。1949 年后，相伯堂以数字重新命名为 100 号楼。20 世纪 50 年代末期，100 号楼为复旦历史系的办公楼，内设世界古代中世纪史教研室。周谷城曾在此研究世界历史。2017 年，相伯堂因地铁 18 号线的建设而复建，其复建的原则是最大可能地还原墨菲时期的建筑风貌。

简公堂 建于 1921 年，初名简公堂。这是当年的李登辉校长在董事长唐绍仪先生的协助之下向南洋烟草公司的简照南、简玉阶兄弟募得银洋五万元而建造的中式大楼。1937 年"八一三"事变爆发，作为复旦第一批的新校园建筑之一，简公堂被炮火掀掉了屋顶，后虽经修缮，但已不复当年雄姿。1946 年后，这里改名为照南堂。1949 年后，相伯堂以数字重新命名为 200 号楼，20 世纪 90 年代中期，简公堂被拆毁重建。2017 年，200 号楼因地铁 18 号线的建设而复建并尽可能复原墨菲时期的建筑原貌。现为复旦大学博物馆。

简公堂

景莱堂 景莱堂的名称来源于叶仲裕（1881—1909），名景莱，浙江杭州市人。叶仲裕与马相伯等人于1905年创建复旦公学，叶仲裕任学长。1949年后，景莱堂以数字重新命名为300号楼，2005年，校董蔡冠深先生捐资复建，并将其命名为蔡冠深人文馆。

子彬楼 竣工于1926年，由潮州商人捐款5万元建造的复旦大学心理学院，当时的建造样式属于中国建筑的样式。如今的子彬楼是经过改建的，略有新古典主义风格。

奕住堂 建成于1921年，采用混凝土建造的中国古典建筑样式，用铁件制造中国式的花格窗。奕住堂为复旦公学迁址江湾新校园第一批校舍之一，初始为办公楼兼图书馆。1929年7月，奕住堂扩建两翼，由原来的正方形扩建为H形，青砖大屋顶挑檐，共有房间15间，阅览室设有400个座位。扩建后的奕住堂以复旦大学前校务长、经济学家薛仙舟的名字命名为仙舟图书馆。奕住堂的建造经费，来源于著名爱国华侨实业家黄奕住（1868—1945）先生。现为复旦大学校史馆。奕住堂为复旦大学现存唯一一幢历史最悠久的老建筑。

景莱堂

子彬楼

奕住堂

相辉堂

相辉堂 作为复旦大学迁址江湾的第一批校舍之一，初始为第一学生宿舍。这是一幢2层楼的精美的建筑，有房间97间。在复旦大学的校史上，李登辉先生担任了24年的校长，故后来一度称第一学生宿舍为登辉楼。抗日战争时期，登辉楼被炮火炸毁。1947年，登辉楼重建。1984年，登辉楼在此大修后改名相辉堂，以纪念复旦创始人马相伯和复旦的老校长李登辉。相辉堂的堂额由著名历史学家周谷城教授题写。作为复旦人的精神家园，相辉堂是复旦的标志性建筑，历史上在相辉堂作过演讲的国际知名人物众多，如美国前总统里根、法国前总统德斯坦和微软总裁比尔·盖茨。现为复旦学生文化活动场所。

寒冰馆 1925年2月与子彬楼同时兴建，为西式四层钢筋混凝土楼房，共有房屋73间，可供278位同学居住，成为学生第四宿舍。这幢大楼式样欧化，设备新颖，被誉为全国高等学校"设备最新之寝所"。

东宫 东宫建于1928年，由一位名爱国华侨捐资2万两白银建造。这座西式二层砖墙楼屋共有43个房间。

国顺路650弄 复旦大学第九宿舍楼 这是一个环境静谧，绿树成荫的建筑群。在一排排的宿舍楼里旁，靠近国福路边缘有一处花园，内有复旦大

复旦大学第九宿舍楼

学教授曾经居住过的 3 幢小楼，它们建于 20 世纪 30 年代初期，曾经都属于复旦第九宿舍。如今，这 3 幢小楼有了一个整修完美的花园，其新的名字为"玖园"。

国福路 51 号 陈望道旧居 这里是《共产党宣言》中文全译本首译者陈望道老校长的旧居。现为复旦大学《共产党宣言》展示馆。旧居的 2 楼和 3 楼为陈望道的居所，底层曾为语法、逻辑、修辞研究室使用。

陈望道旧居

国福路 61 号 苏步青旧居 建于 20 世纪 50 年代的小楼，苏步青是中国现代数学的奠基人之一，首创了独具特色的微分几何学科，填补了我国高校学科的一个空白，他在 61 号寓所居住了近半个世纪，直至去世。当年由苏步青栽种的几株紫藤至今犹在。

国福路 65 号 谈家桢旧居 始建于 1956 年的小楼。初为我国现代数学的拓荒人之一陈建功先生所居住。1971 年，陈建功先生去世。之后，这栋小楼就由著名的遗传学家、中国科学院院士谈家桢先生居住。当年谈家桢在院子里栽种的几棵梅花树值得一观。

第 13 站

世外桃源虹桥路

> 有人发了财
> 就到虹桥路上买地盖别墅
>
> ——张爱玲

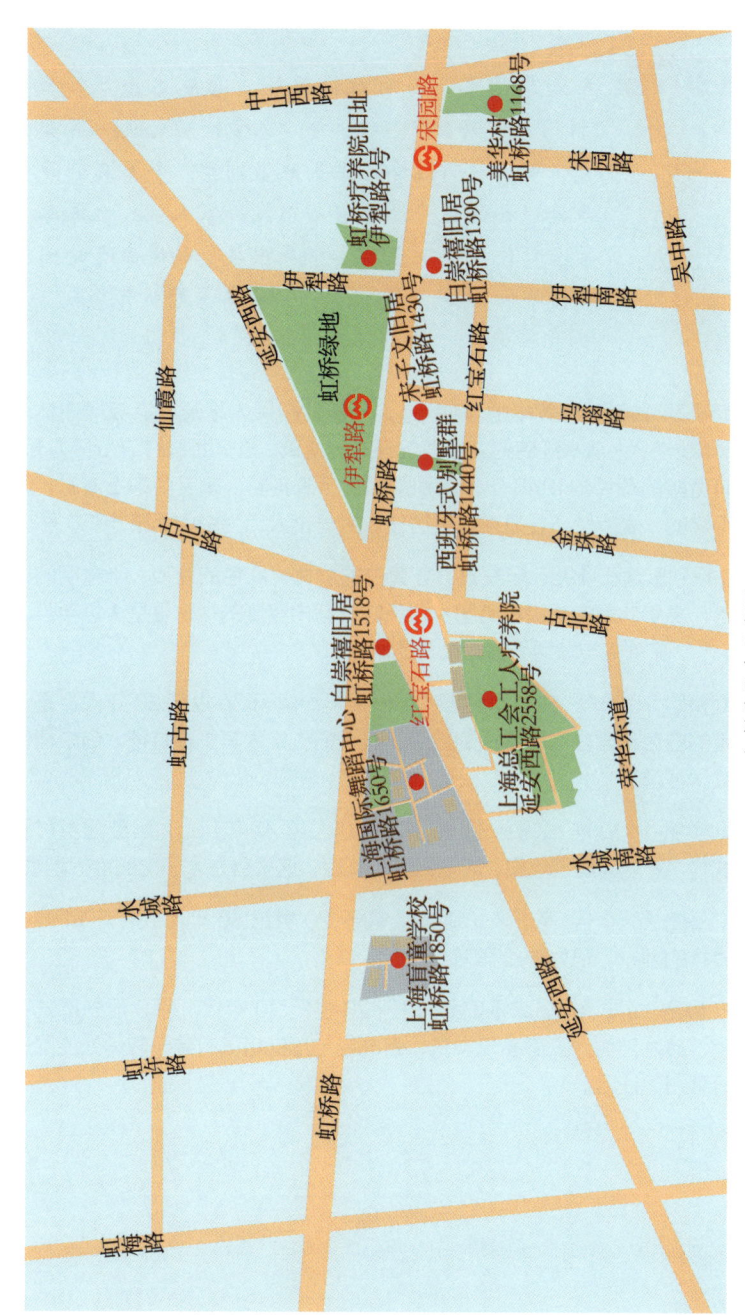

虹桥路漫步示意图

虹桥路 东起华山路，西至虹桥机场1号航站楼，全长8623米，修筑于1901年。张爱玲曾经说：有人发了财，就到虹桥路上买地盖别墅。今天我们漫步的这条路线，就是当年顶级的富人区。虹桥路很长，但是景点主要集中在中段。如果你有时间和执着的精神，也可以逐一浏览路上的所有景点。

虹桥路1168号 美华村 其中的1号别墅由黑人牙膏厂老板严伯林于1937年建造，为清水红砖的2层西班牙式的建筑。建筑面积约700平方米，屋前有宽敞的草坪。1946年，该别墅租给了宋美龄。宋美龄来上海时，除了东平路的"爱庐"，便是在这里居住。另一个入口为中山西路1350号。

9号别墅建于1935年左右。牙黄白的墙体、红色的屋顶、半露明的棕色木条、高耸的烟囱都极具英国乡村风味，室内盘旋的楼梯更是大气典雅。1947年，陈香梅与陈纳德的婚礼在此举行。

虹桥路1390号 白崇禧旧居 "小白楼"约建于20世纪20年代，是一幢典雅的白色花园住宅，平缓的坡顶、连续的券廊为其主要特征。白崇禧曾经在此居住过。

虹桥路1430号 宋子文旧居 建于20世纪30年代，2层英国乡村别墅的式样，外立面虽已沧桑，却依旧风韵犹存。这里曾是宋子文的度假别墅。

虹桥路1440号 西班牙式别墅群 建于20世纪30年代，共有11幢西班牙式样的别墅。现为申康宾馆。

虹桥路1518号 白崇禧旧居 建于20世纪30年代，假3层的德式花园住宅，砖木结构，立面表现丰富，老虎窗与烟囱错落有致，转角处的圆形塔楼分外引人注目。

美华村1号宋美龄旧居

美华村9号陈香梅与陈纳德旧居

虹桥路 1650 号 上海国际舞蹈中心 舞蹈中心有六幢建于 20 世纪 30 年代的别墅，其中，最东侧的别墅为民国时期建筑师吕彦直的好友兼合伙人黄檀甫所有。南侧的别墅则是王星记扇庄所有。西端的两幢别墅为民国时期卷烟大王丁厚卿所有。最北侧 2 幢别墅则是孔祥熙家族的西郊别墅。1961 年，成立不久的上海市舞蹈学校搬迁至此。1979 年，上海芭蕾舞团在这里成立。如今，这里新建了舞蹈中心和排练厅等 4 幢新楼，重新组合后的舞蹈中心现在是上海芭蕾舞团、上海舞蹈学校、上海戏剧学院附属舞蹈学校和上海戏剧学院舞蹈学院。

上海舞蹈学校

虹桥路 1850 号 上海盲童学校 建于 1928 年，红砖清水墙面，陡坡红瓦的 3 层建筑。该校是上海较早发展特殊教育的地点。

虹桥路周边：

　　伊犁路2号　虹桥疗养院旧址　伊犁路2号的7号楼和8号楼是建于1934年的历史建筑，原为虹桥疗养院。这是一所肺病疗养院，由社会名流丁福保、丁惠康父子筹建于1932年。孙中山、蒋介石、张学良曾经在此疗养过。

　　延安西路2558号　上海总工会工人疗养院　建于1948年的4幢风格独特的3层小洋楼，属于巴洛克风格，连续拱券、螺旋纹柱、墨绿色琉璃瓦屋面，园内还有各种名贵树木。

上海总工会工人疗养院1号楼

上海总工会工人疗养院 2 号楼

白崇禧旧居"小白楼"

第 14 站

激情岁月多伦路

热烈的红色
激情的时光
那是怎样的岁月
那是怎样的情怀

多伦路及周边漫步示意图

多伦路 是四川北路的一条分支马路，呈"L"形状，曾经叫窦乐安路。20世纪30年代，鲁迅、瞿秋白、丁玲等30多位左翼文人聚居在这条长仅500米的小马路上，使其成为中国现代文学篇章中的重要一页。

多伦路250号 孔祥熙旧居 建于1924年，伊斯兰风格、略带西班牙样式的白色建筑，其特色在上海堪称独树一帜。抗战胜利后，这里成为孔祥熙在上海的3处住宅之一。

多伦路215号 原宝亨利公馆 建于1924年的西班牙风格的建筑，陡峭多坡的屋面和西南角的八角塔楼是其主要特征。

多伦路210号 白崇禧公馆 这是一座典型的法式新古典主义风格的独立式建筑，建于20世纪20年代。抗战胜利后，这里成为原国民政府国防部部长白崇禧的官邸，其儿子白先勇在此度过了童年。现在这里属于411医院。

多伦路201弄89号 郭沫若旧居 1926年郭沫若南下参加北伐后，他的日籍夫人安娜（佐藤富子）带着四个孩子住进了多伦路（原窦乐安路）201弄89号，这是一座老式的弄堂房子，居住条件并不好，但环境还算安静。1927年底南昌起义失败后郭沫若从广州秘密回到上海与家人团聚，后来他在这里翻译了《浮士德》第一部。1928年2月，郭沫若离开上海前往日本千叶。现在这里是民居。

多伦路201弄2号 中国左翼作家联盟成立大会会址 这是一栋竣工于1924年的独立别墅，为混合结构的新古典主义风格的3层建筑。1930年3月2日，中国左翼作家联盟在上海窦乐安路233号（今多伦路201弄2号）中华艺术大学宣告成立，并召开了成立大会。中国左翼作家联盟是由中国共产党领导，以鲁迅为旗手的革命文学团体。

1989年10月，由虹口区人民政府、虹口区文化局及社会筹资，在多伦路145号修缮落成"左联"纪念馆。1990年3月2日，正式对外开放。

2000年，虹口区人民政府出资数百万元，对多伦路201弄2号的居民进行了动迁，并由上海市文物管理委员会拨出专项资金，按照"修旧如旧"

的原则对旧址进行全面复原修缮。2001年底,中国左翼作家联盟成立大会会址纪念馆正式对外开放。纪念馆一楼的展厅再现了1930年中国左翼作家联盟成立大会时的场景;二楼有四个展厅和一个资料室。

多伦路189号 赵世炎旧居 赵世炎于1926年在上海与周恩来一起领导上海工人武装起义。1927年7月2日,因叛徒出卖他在此被捕,7月19日被国民党杀害。

多伦路145号 原中华艺术大学学生宿舍 建于1920年左右,英国安妮女王时期的建筑风格,砖木结构的假3层连续拱券形成的外廊式建筑,清水红砖饰边,青砖为墙。

多伦路119号 夕拾楼 位于多伦路的中心位置,站在此,可以感受多伦路得天独厚的文化氛围。

多伦路93号 王造时旧居 "七君子"之一的王造时曾经居住于此。这里是当年进步青年谈论民主和时势、讨论进步书刊的地方,人称"凤凰阁"。

多伦路66号 原薛公馆 1920年由薛氏建造,外廊式建筑,由青砖砌筑。

位于多伦路250号的孔祥熙旧居

多伦路 59 号 鸿德堂 1928 年,为纪念美国传教士黄启鸿,由美国北长老会资助、中国信徒捐款而建成。这是罕见的中式风格的教堂,屋顶采用斗拱飞檐结构。

多伦路 8 号 公啡咖啡馆旧址 曾经是左翼作家聚会之地,左联的筹备会议曾在此召开。

鸿德堂

多伦路周边：

横浜路 35 弄 11 号 茅盾旧居 1927 年 8 月，茅盾从武汉返回上海，因被国民党通缉而秘密住在这里。这段时期，他积极写作，完成了著名的 3 部中篇小说——《幻灭》《动摇》《追求》。1928 年 2 月，茅盾东渡日本，他住过的 3 楼给了冯雪峰居住。1927 年 5 月，叶圣陶住在这里的 2 楼。当时，他担任《小说月报》的主编，在帮助很多新人作家的同时，自己也创作了长篇小说《倪焕之》。

横浜路 35 弄 17、18 号 鲁迅和周建人旧居 1927 年 2 月 21 日，鲁迅从 35 弄 23 号搬入 17 号居住，隔壁的 18 号则住着周建人。在 17 号和 18 号之间，鲁迅打通墙壁并设了一扇木门，方便往来。

横浜路 35 弄 23 号 柔石旧居 鲁迅搬到 17 号后，空出来的 23 号给了作家柔石居住。柔石是"左联五烈士"之一，于 1931 年 2 月 7 日被国民党杀害于上海龙华。

四川北路

南起北苏州路，北至黄渡路，全长 3700 米，修筑于 1904 年，初名北四川路，1946 年更为今名。这是一条在上海具有很高知名度的商业街。

四川北路 2023 弄 35 号 汤恩伯公馆 于 20 世纪 20 年代建造，为一座新古典主义风格的豪华独立别墅。抗日战争期间被日军侵占。抗战胜利后被汤恩伯所占，人称"汤公馆"。后来为国民党浙江省主席陈仪居所。汤恩伯为陈仪一手提携，得陈资助和举荐，并娶其外甥女黄竞白为妻。汤对陈表面上一副感恩戴德的模样迷惑了陈。1949 年初，陈仪派外甥丁名楠带亲笔信去上海，策动汤恩伯起义未果，反被出卖。在这座房子里陈仪被捕，押至台湾被害。

四川北路 1999 弄 32 号 太阳社旧址 建于 1916 年，为早期砖木结构的石库门建筑。1927 年"四一二"事变后，蒋光慈、钱杏邨、孟超、杨邨人等根据瞿秋白的指示，于 1928 年 1 月在此成立太阳社，并创办《太阳月刊》，以提倡无产阶级革命文学和传播马克思主义文艺理论。太阳社成员均为中共党员。太阳社于 1929 年 12 月停止活动，其全部成员加入了中国左翼作家联盟。

四川北路 1953 弄 永安里 由郭氏集团旗下的永安公司在 1925 年至 1945 年分批次投资兴建，如今的地址为四川北路 1953 弄的 4 排 3 层楼的新式里弄建筑，以及多伦路 154 号至 190 号的沿街建筑。这些房子呈东西向排列，每排都有独立的庭院和围墙，部分建筑二楼、三楼有内阳台或挑空式铁艺阳台。永安里最初的住户为永安公司的内部管理人员及家属，其中有部分广东籍人士居住。抗日战争期间，永安里大部被日本人占据。抗日战争胜利后，永安公司即将弄内尚未被国民党内部人员所抢占的房屋分配给永安公司内部中高级职员居住。现为民居。

多伦路沿街的永安里建筑

四川北路 1953 弄 44 号 周恩来旧居 这里是周恩来早期革命活动中最机密的一处庇护所。1931 年居住在这里的是来自江苏淮安的周恩霦和蔡庆荣夫妇，以及他们的幼子周尔鎏。周恩霦是周恩来的堂弟。周恩来在 1924 年从欧洲回国后便与周恩霦取得联系。堂兄弟之间的来往比较密切。

1931 年 4 月 25 日，因前中央特科负责人顾顺章的背叛，上海的中共中央面临灭顶之灾，周恩来夫妇也经历了他们革命生涯中最艰难的时刻之一。从 1931 年 5 月初开始，44 号的周家成为周恩来和邓颖超夫妇的庇护所。1931 年 6 月 22 日，由于原地下党员向忠发的叛变促使周恩来同中共中央其他领导人停止了联系。1931 年 12 月初离开上海，经广东和福建抵达中央苏区首府瑞金。

四川北路 2099 号 拉摩斯公寓 由英国人建造的拉摩斯公寓是 4 层的钢筋混凝土结构的建筑，外表稳重而低调。20 世纪 30 年代，鲁迅、冯雪峰曾在此居住。

拉摩斯公寓

  四川北路 2066 号 西童公学男校旧址 建于 1913 年，英国文艺复兴风格，立面有巴洛克风格的装饰，顶部装饰有半圆形山花。1913 年至 1937 年，这里曾经是西童公学的男校。

  四川北路 2048 号 1927·鲁迅与内山书局 陈列室设在目前工商银行内的 2 楼。内山完造的家就在陈列室后面。

  四川北路 1906 弄 余庆坊 建于 1900 年，混砖结构的里弄住宅，共有 172 幢，多为 2 层或 3 层。影星胡蝶 1924 年至 1932 年曾经居住在这里的 52 号。

  四川北路 1838 号 上海戏剧专科学校旧址 这里曾是抗战前的第一日本国民学校，抗战胜利后的 1945 年 11 月 1 日，著名戏剧家李健吾、黄佐临和顾仲彝等人为了培养戏剧和话剧人才创办了上海市立实验戏剧学校。1949 年后，这所学校更名为上海戏剧专科学校，即上海戏剧学院的前身。

四川北路 1702 弄 34 号 精武体育总会 这是精武会在上海唯一的建筑遗存。这座砖木结构 2 层的老房子坐东朝西有着百年的历史。精武体育总会于 1924 年迁入这幢小楼。由霍元甲创建的精武会创办于 1910 年，是中国建立较早的体育团体。原名精武体育学校，后更名为精武体育会。1919 年孙中山亲笔题赠"尚武精神"匾额并为会刊《精武本纪》撰写序文。四川北路 1702 弄内的 30 号原为精武体育总会于 1922 兴建的中央大礼堂。精武体育总会于 1923 年迁入中央大礼堂（1994 年被拆除）。在原中央大礼堂的遗址上，现在为 2002 年 4 月竣工的精武大厦，即上海精武体育总会，其红色立柱、黑色的霍元甲铜像都令人想起一百年前的体育往事。

四川北路 1552 号 广东大戏院 始建于 1928 年，初名广东大戏院，于 1931 年 1 月 31 日正式开幕。广东大戏院由粤人招股筹资建造，采用砖混结构，为装饰艺术派风格的建筑。广东大戏院后来更名为虹口中华大戏院。1968 年再次改名为虹光大戏院。在 20 世纪 30 年代，广东大戏院为粤剧演出的重要场所。

精武体育总会　　　　　　　　　　　　广东大戏院旧址

山阴路 南起四川北路，北至祥德路，全长651米，修筑于1911年，初名施高塔路，1943年更为今名。

山阴路2弄3号 内山完造旧居 内山书店旧址的隔壁，就是著名的千爱里。千爱里3号是内山完造曾经居住过的地方。

山阴路69弄90号 中共江苏省委旧址 这里是1927年中共江苏省委成立之处，首任书记为陈独秀的儿子陈延年。1927年6月26日，中共江苏省委在此开会，陈延年被叛徒出卖而被捕，9天后就义于上海龙华，年仅29岁。

山阴路132弄6号 茅盾旧居 建于1931年，名为大陆新村，均为红砖红瓦、砖木结构的新式里弄房。1946年3月，茅盾夫妇从香港返沪，就住在这里，直到1947年12月与郭沫若等人一起离沪去香港。住在这里的期间，他完成了著名的《苏联见闻录》一书。

山阴路132弄9号 鲁迅旧居及陈列室 鲁迅于1933年以内山书店职员的名义迁入大陆新村，一直居住至1936年10月19日病逝。现为鲁迅旧居及陈列室。

山阴路133弄12号 瞿秋白旧居 1933年，瞿秋白曾在这里进行了3个月的写作活动。

山阴路周边：

黄渡路107弄15号 李白旧居 1945年至1948年，李白和夫人裘慧英携子住在这里的3楼，当时，中共的秘密电台就设在这里。1948年李白被国民党逮捕，1949年5月7日被秘密杀害。现为李白烈士陈列馆。

黄渡路8—6号 日本海军特别陆战队司令部旧址 该营房建于1924年，占地6130平方米，四周围合的是办公楼和仓库，中间为2200平方米的操场。1932年，日本军国主义者在此挑起"一·二八"事变，淞沪抗战开始。1937年8月13日，日本军国主义者又发动了"八一三"事变，抗战全面爆发。1937年11月，上海沦陷，这里成为日本海军统治上海的中心。

日本海军特别陆战队司令部旧址

溧阳路 1269 号 郭沫若旧居 溧阳路上有 48 幢双拼联体别墅，一样的红瓦青砖，一样的英式风格。溧阳路 1269 号是这些别墅中的一幢，1946 年 5 月至 1947 年 11 月，郭沫若曾经居住于此。

溧阳路 1335 弄 5 号 曹聚仁旧居 石库门里弄建筑。抗日战争胜利后至 1950 年，著名文化人、报人曹聚仁曾经居住于此。

溧阳路两侧的 48 幢花园洋房

溧阳路 1359 号 鲁迅存书室 这是一座 3 层砖木结构的老房子。1933 年至 1936 年，这里的 2 楼成为鲁迅的存书室，其存书约有 6000 册，现大部分被保存在北京的鲁迅故居。

长春路 304 号 长春公寓 建于 1928 年，由新沙逊洋行之下的华懋地产公司投资营造，为 4 层现代派建筑，原名北端公寓。1975 年加建了 2 层。在长 112 米的长春路北段，八幢建筑组合在一起，形成对称的鱼骨状排列形式。中间有一根主轴，两边各有四排楼栋向外延伸。每幢建筑的凹处都有精心设计的小花园，其外立面由英国风格的清水砖墙砌成，窗间墙用褐色油面砖饰面，窗下墙则用浅色水泥粉刷，形成了深浅相间的水平带。

长春公寓

长春路 307—365 号 沙逊群楼 建于 1928 年，由新沙逊洋行之下的华懋地产公司投资营造，为假四层砖木结构的排屋，有着长长的英国风格的清水红砖墙立面，整齐划一的弧形窗和别具一格的山花墙。其中的长春路 319 号的底层为木刻讲习所旧址，现在是木刻讲习所资料陈列馆。1931 年 8 月 17 日至 22 日，鲁迅先生在此发起了暑期木刻讲习会。当时，鲁迅在这里邀请了内山完造的胞弟内山嘉吉来主讲，自己则担任翻译。陈列馆的一件镇馆之宝为当年讲习会结束之后的一张合影。

沙逊群楼

第 15 站

苏州河畔的万航渡路

一座上海最早的大学

风光秀丽　人才辈出

万航渡路漫步示意图

万航渡路

南起愚园路，北至长寿路折向西，最终至长宁路，全长4830米。修筑于1864年，初名极司菲尔路，1943年更名为梵皇渡路，1964年更为今名。万航渡路沿途有一部分在苏州河的南岸。在这里，苏州河有一个180度的弯，形成了美丽的半岛，岛上至今保留着当年圣约翰大学的原貌。

万航渡路1575号 原圣约翰大学 坐落于今天的华东政法大学长宁校区，其前身是创办于1879年的圣约翰书院。1905年它升格为圣约翰大学，是中国近代最著名的大学之一。1952年，圣约翰大学被拆分至上海各大名校。该校的杰出校友有顾维钧、宋子文、荣毅仁、邹韬奋、林语堂、潘序伦、贝聿铭、颜福庆、刘鸿生、黄宗英、连横等。

校长楼（4号楼） 绿树环抱的校长楼是传统的中式建筑，却配以西式的大门廊。屋顶的飞檐、精致的木雕花纹、宽大的壁炉，都是值得一看的。

原圣约翰大学校长楼

格致楼

校长住宅（24 号楼）

幼儿园（25 号楼）

韬奋楼（怀施堂） 建于 1894 年，原名怀施堂，1951 年为了纪念中国杰出的新闻记者、出版家邹韬奋，改名为"韬奋楼"。其四合院的建筑风格在上海独树一帜。红砖清水墙面、屋顶的蝴蝶瓦、四方形的钟楼是建筑的主要特征。

思颜堂 1913 年 2 月 1 日，孙中山应邀在这里举行的毕业典礼上发表了演讲。

思孟堂 落成于 1909 年，为纪念 1907 年为营救落水的中国朋友而遇难的牧师孟嘉德而建。

格致楼 始建于 1898 年，1899 年竣工，三层砖木结构，建筑外貌体现了"中西合璧"的理念，既有西式的外廊和庭院，又保留了中式屋檐的设计。这是当年的中国第一座专门教授自然科学的校舍，又名格致室。格致楼坐东向西，为通和洋行设计，其外廊式立面曾经被封闭。

校长住宅（24 号楼） 建于 1903 年，原为圣约翰大学校长卜舫济的住宅，1952 年华东政法学院建校后用作教职工住宅。

幼儿园（25 号楼） 建于 20 世纪 20 年代，曾被用作幼儿园、招待所、教职工住宅等，2019 年起，学校按文物保护要求对该楼进行修缮，现为华政校友之家、教工之家。

小白楼 建于20世纪20年代，因楼外墙为白色，故称小白楼。原为圣约翰大学建造的外籍教员宿舍之一。20世纪90年代起作为校舍。

红楼图书馆 又名罗氏图书馆。1913年，在圣约翰大学学生和校友举行卜舫济校长任职25周年纪念会上提出筹建图书馆以资纪念。1915年年初举行奠基仪式。1916年初夏图书馆竣工。图书馆的建筑面积为1067平方米，层高2层，斜坡屋顶中式屋瓦，楼身西式。图书馆藏书极为丰富，有圣公会英文宗教藏书、施氏所藏的中国书籍等，曾任美国纽约市市长、哥伦比亚大学校长的罗氏也与其弟向圣约翰大学捐赠多种书籍，故该馆被命名为罗氏图书馆。1952年，华东政法学院成立并接收这座图书馆。1958年华东政法学院与上海财经学院、复旦大学法律系、中国科学院上海经济研究所和上海历史研究所合并，成立了上海社会科学院，该馆成为上海社会科学院图书馆。1999年，上海社会科学院正式将红楼图书馆馆舍移交给华东政法学院。现为华东政法大学图书馆。

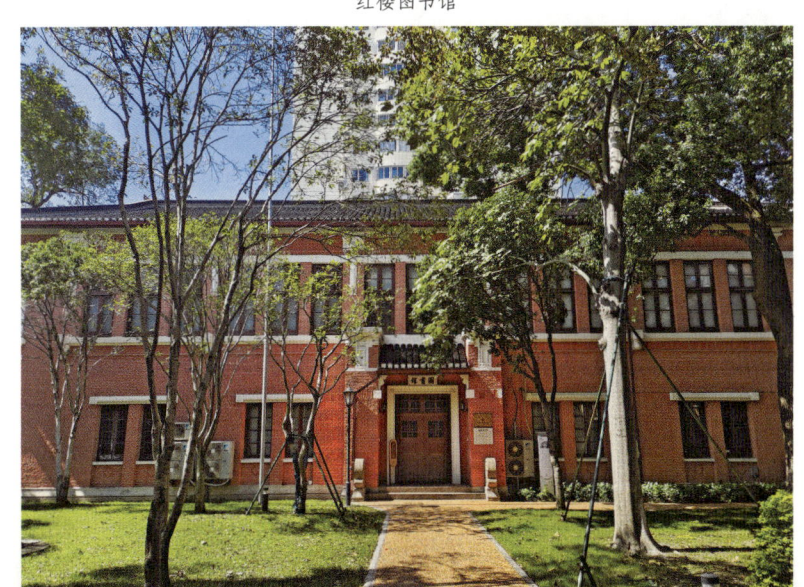

原圣约翰大学"小白楼"

红楼图书馆

六三楼 1939年,圣约翰大学师生为纪念圣公会上海教区主教郭斐蔚,发起捐款建造,初名斐蔚堂。1925年5月,沪上爆发"五卅"运动。为悼念死难同胞举行纪念活动,遭到校方阻扰,500多师生声明脱离圣约翰大学。离校师生在社会各界资助下创办光华大学,并确定6月3日为校庆日。1951年,斐蔚堂更名六三楼,以示纪念。

体育室 为纪念圣约翰大学体育活动最早组织者之一、已故理科英籍教授顾斐德而建,于1919年11月15日举行落成典礼。二楼系室内篮球、排球场,一楼设有接待室、浴室、更衣室和机房等,楼东设室内游泳池,池顶为玻璃所制。此室内游泳池,在当年少有。

树人堂 建于1935年,取"十年树木,百年树人"之意。基地面积509平方米,建筑面积1526平方米,共三层。1952—1956年间,树人堂为华东体育学院办公楼。华东体育学院迁出后,改作华政教研室办公用房。树人堂曾改名鲁迅楼,1999年该楼大修时,恢复原名树人堂。

东风楼 圣约翰大学在圣玛利亚女校1923年9月外迁后,拆除了该校的校舍思丁堂,岁末在该堂基地上进行新校舍施工,于1924年12月13日举行落成典礼,一座合院式建筑的圣约翰中学诞生了。因美国公谊会教友西门(John Ferris Seaman)遗孀捐资5万美金建筑经费而命名西门堂。圣玛利亚女校迁到了白利南路(今长宁路)新校舍,并改名圣玛利亚女子中学。作为圣约翰中学校舍。1967年改名为东风楼。

交谊楼 原名交谊室,1919年11月由圣约翰大学同学会和校友们发起捐建,竣工于1929年底,为纪念圣玛利亚女中的首任校长黄素娥女士,她是圣约翰大学卜舫济校长的结发夫人,于1918年5月11日去世。这座由中国著名建筑师范文照设计的建筑可谓一个杰作。中国式屋面,西式屋身,清水红砖,朱红色圆柱立在窗间,屋檐下的彩绘梁枋,它们浑然一体在中西合璧的建筑之上。1949年5月,解放军第三野战军陈毅司令员在指挥上海战役时,选择圣约翰大学交谊室作为"解放上海第一宿营地"。1952年11月,华东政法学院首届开学典礼在此举行。

交谊楼

圣玛利亚孤儿院（23号楼） 建于1903年，原为圣玛利亚女校孤儿院，1952年华政建校后用作教职工住宅，2019年起，学校按文物保护要求对该楼进行修缮。

校舍楼（21号楼） 为圣约翰大学早期的外籍住宅之一。如今，它是华东政法大学的学生工作办公室。它面对着更新后充满魅力的圆形的法剧场。

四尽斋 位于校园河东校区，建成于抗日战争之后，原为中央神学院。

圣玛利亚孤儿院（23号楼）

校舍楼（21号楼）

照片右下角为华东政法大学的河东校区

原圣约翰大学建立在苏州河转弯而形成的半岛上

原圣约翰大学怀施堂

原圣约翰大学校长楼的屋顶

第 16 站

艺术田子坊　书香绍兴路

这里　大师的艺术很亲民

这里　书香弥漫在每个角落

泰康路、绍兴路及周边漫步示意图

泰康路

很短，一边布满石库门老房子，另一边却是高楼大厦和地铁车站。1998年，泰康路上的一些废弃仓库和小型工厂开始整修，很多艺术家和文化界人士率先在这里开设工作室，如陈逸飞、尔冬强、李守白等。画家黄永玉给这一片石库门里弄建筑取了一个雅号——田子坊。

泰康路210弄 田子坊 具有浓郁的里弄民居的味道，基本以石库门、厂房建筑为主，在这里，你会看见20世纪30年代上海市民的生活印痕。泰康路200弄、210弄、248弄、274弄是田子坊的入口。穿行其间，一家家文艺小铺，一座座情调咖啡馆，让人忍不住驻足观赏。

十几年来，凭借着独具特色的艺术与文化，田子坊吸引了大批文艺青年光顾，但同时，由于大面积商业开发，这里也逐渐有了浓郁的商业氛围。

泰康路210弄是文化界人士和艺术家们最早涉足的弄堂，保留着陈逸飞的工作室和他较早时期开设的"画家楼"。不远处的200弄里，连环画画家贺友直的工作室同样值得一看。

田子坊的小店铺

绍兴路

东起瑞金二路，西至陕西南路，全长480米，修筑于1926年，初名爱麦虞限路，1943年更为今名。沿路均为当年的高档住宅和现在的出版社、书店、咖啡馆、饭店。

绍兴路5号 朱季琳旧居 建于20世纪30年代，曾经的主人是上海南市华商电气公司董事长朱季琳。这是一幢淡黄色的略带弧形的建筑，主楼呈元宝形。建筑内有几个大厅，还有一座教堂大厅。曾经有不少剧组来此取景拍电影。现为上海市新闻出版局。

绍兴路7号 中华学艺社旧址 建于1932年，为现代装饰艺术派风格。中华学艺社于当年迁至此，该社前身为李大钊筹划组建的学术团体"丙辰学社"，1923年6月改名"中华学艺社"。1936年6月，画坛女杰潘玉良曾经在中华学艺社举行大型个人画展。现为上海文艺出版社。

绍兴路9号 法国警察博物馆旧址 建于20世纪30年代。馆内设有舞厅、剧院、俱乐部，供法国公董局警察及其家属消遣。这座颇有皇家气派的建筑在绍兴路上是独一无二的。1949年后，先后为淮剧团、上海京剧团、上海戏曲学校使用。1981年，上海昆剧团入驻，将二楼改建成上海首个专演昆剧的剧场——兰馨戏院，后更名为"俞振飞昆曲厅"，常年演出不断。

朱季琳旧居

中华学艺社旧址

绍兴路 18 弄 金谷村 始建于 1930 年，为新式里弄住宅。里面有 6 排砖木结构的三层楼住宅。其折腰式的大坡顶设计颇具异国风情。金谷村是旧上海市长吴铁城化名为吴子祥而建造的新式里弄房子，共有 99 幢。这里曾经是 20 世纪 30 年代俄国犹太人的聚居地。在不同时期，这里也居住过一些名人，如金谷村 10 号的电影导演桑弧；金谷村 15 号的孙多森、孙多鑫兄弟；金谷村 49 号的电影演员张伐。

绍兴路 27 号 姚玉兰旧居 20 世纪上半叶，杜月笙买下了这座小洋楼，供唱京戏的姚玉兰和其母、其妹三人居住。现为老洋房饭店。

绍兴路 27 号甲 汉源书店旧址 这里曾是喝咖啡、读书的理想场所，有浓郁的老上海的味道。2009 年 9 月的一天已故演员张国荣曾在这里度过了一个充实而宁静的下午。汉源书店开设于此的时间为 1996 年至 2017 年。

绍兴路 54 号 杜月笙母亲旧居 这座中西混合的建筑，传说与杜月笙有关，后为上海人民出版社所在地。

法国警察博物馆旧址 　　　　　　　　汉源书店旧址

姚玉兰旧居 　　　　　　　　杜月笙母亲旧居

绍兴路 74 号　张群旧居　建于 1947 年，3 层钢筋混凝土结构的建筑，曾经居住过民国时期上海市市长张群。

绍兴路周边：

瑞金二路 118 号 原马立斯别墅 总面积 48960 平方米，其中建筑占地面积 4615 平方米，绿化和湖面面积 34840 平方米。三个独立相连的花园和四幢各具风格的欧式别墅。四幢风格各异的别墅散落在花园里。英国商人马立斯（John Morriss Garden）投资建造。1941 年太平洋战争爆发，日军侵入租界，英美人士都被关入集中营，小马立斯也被赶出了花园。现为瑞金洲际酒店。

1 号楼曾经是马立斯的私人住宅。1927 年，蒋介石与宋美龄在马利斯花园中的一号楼中的玫瑰厅举办了订婚仪式，乃至今日，1 号楼中都保留着一块"蒋、宋"在此订婚的灰色石碑。日本投降后，国民党接管了这座花园，作为国民党中统机关励志社的社部。1 号楼的底层南部开设了风味独特的咖啡吧。到了周末，咖啡吧前的大草坪则成了青年们婚纱摄影的首选之地。1956 年整个马立斯住宅区域改名为"瑞金宾馆"，1 号楼更名为瑞金宾馆一号楼。1989 年 9 月该楼被列为上海市文保单位。现在称为名人公馆。这里也是众多影视作品的取景地，《新上海滩》中冯程程的家便在此地，张国荣和巩俐的电影《风月》也在这里取过景。这座栉风沐雨的神秘花园，现在以重新焕发的勃勃生机展现在世人面前。

2 号楼是马立斯住宅 1 号楼的延伸部分，为新古典主义建筑风格，入口有四个多立克柱的门廊。

原马立斯别墅 1 号楼　　　　　　　　　　　　原马立斯别墅 2 号楼

3号楼是马立斯的儿子小马立斯在1949年离开上海前保留的最后一栋住宅,为造型华美的现代风格别墅。上海解放初期,3号楼仍是马立斯的房产,由他的代理人在管理,与1、2号楼之间用一道墙隔开。1953年,他把房子连同花园交给了上海市政府,以抵充多年拖欠下来的地价税。从此,马立斯花园完全归国家所有。如今是瑞金洲际酒店的总统套房。1954年,印度总理尼赫鲁访华时到上海访问期间,就下榻在3号楼。之后,这里又接待过甘地夫人、苏哈托、金日成、胡志明等各国领导人。在尼赫鲁到来之前,市委招待处曾花巨资把整幢3号楼整修了一番。

原马立斯别墅3号楼

4号楼也叫馨源楼,原为三井洋行大班住宅,砖木结构,于1924年竣工,为法国古典式花园住宅。南立面为连续券柱廊,3层退为平台;东入口设可通轿车的拱券门廊,旁有一穹顶塔楼,造型优雅。1924年马立斯将其别墅东北部的三幢楼卖给了日本的三井洋行,自己则住到花园最深处的房子里去了,即现在的3号楼,4号楼成了三井洋行的房产,所以在很长一段时间内,老上海又称这儿为"三井花园"。上海解放后,这座豪华别墅也换了用途,成为上海市政府的招待所。刘少奇来上海视察时住过。贺龙、罗荣桓、聂荣臻、叶剑英等多位元帅也曾在此下榻。

原马立斯别墅4号楼

瑞金二路207号 巴斯德医学研究所旧址 1934年,在著名的圣玛利亚医院的西南端矗立起了一座既浑厚稳重又现代感十足的五层建筑,巴斯德研究所实验室顺利竣工了。这是建筑师赉安第一次大胆地将建筑的立柱全部置于建筑的外部。直上直下的半圆立柱毫无装饰。从远处看,竖向结构的半圆立柱间隔着整齐划一的排窗,做足了现代主义风格建筑的气势。1938年建

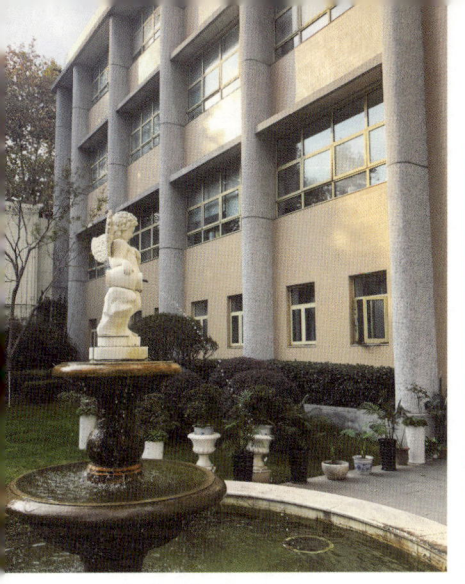

巴斯德医学研究所旧址　　　　　　　　　圣玛利亚医院男病房大楼

立在此的巴斯德医学研究所是巴黎巴斯德研究院在上海的分院，其前身为法租界公董局公共卫生救济处医学化验所。现为中国疾病预防控制中心寄生虫病预防控制所。

瑞金二路 197 号 2、3 号楼　原圣玛利亚医院男病房大楼　瑞金医院原名广慈医院，建于 1907 年，创建之初，法文名称是"圣玛利亚医院"（Hospital Sainte-Marie），是一所由法国天主教会创办的医院。共有四幢两层楼房，其中两幢是病房，还有修女、职工宿舍各一幢。1933 年，医院拆除了贫苦男患者病房（圣·味增爵楼），分两期在其旧址上建成两幢五层楼的内外科病房大楼（今瑞金医院 2、3 号楼），分别命名为"Saint Vinvent"（新贫苦男患者病房，2 舍）和"Siante Louise"（新贫苦女患者病房，3 舍）。这两座宽敞的水平向的大楼极具现代风格，横向连贯的长廊在二至五楼之间左右排开，左右对称布局。它们既是病人呼吸新鲜空气的病房阳台，又是连贯的走廊。远处看，一股通透而充满阳光气息的走廊式阳台现代感十足。赉安在 1935 年之前为圣玛利亚医院设计了七座医院楼房，因其后的多次改造已经面目全非，其中，传染病隔离病房已经被拆除了。目前，只有 2、3 号楼得以保持了较好的原状。

瑞金二路 197 号 16 号楼　原圣玛利亚医院外籍病房大楼　原 9 舍，外籍病房楼，是广慈医院最早、最重要的建筑之一。现为院史陈列馆。

瑞金二路 148 号　秦鸿钧金神父路电台旧址　瑞金二路 148 号是上海市黄浦区第二牙病防治所的所在地。当年的金神父路（今瑞金二路）148 号 3

楼,是中共地下电台旧址。民国26年(1937年)底设。其时秦鸿钧(1911—1949)受共产国际派遣回国,建电台与共产国际远东局直接联系。秦鸿钧与小学教师韩慧如结婚后,白天在辣斐德路(今复兴中路)菜市路(今顺昌路)口设永益糖果店掩护,传递情报,晚上发报与中央联系。1939年春末,秦鸿钧奉调哈尔滨,此电台随即撤销。1940年夏,党组织派秦鸿钧重回上海建立电台,地方设在中正南二路(今瑞金二路)409弄(打浦桥新新里)315号旧式里弄的阁楼上。1949年3月17日,秦鸿钧夫妇被国民党抓捕,惨遭敌人拷打,坚不松口。5月17日秦鸿钧被秘密杀害于浦东戚家庙。

瑞金二路198弄 安和新村 现代式联排住宅。双坡屋顶,立面材质为黄色面砖和清水红砖两种,细部处理略具装饰艺术派特征。安和新村曾经居住过多位名人,其中瑞金二路198弄20号是著名音乐家、美术教育家、书法家李叔同(弘一法师)的旧居,瑞金二路198弄8号为爱国民主人士、政治活动家、创办新疆学院任院长的杜重远的旧居。

永嘉路39弄号1—10号 花园别墅 这是建于1935年的11栋独立别墅,初建时,这些别墅分别拥有独立的花园,其中的3号甲和3号乙为建筑师赉安的设计作品。

永嘉路39弄1号的别墅

俯瞰瑞金宾馆

俯瞰亚尔培公寓

陕西南路 151—187 号 亚尔培公寓 建于 20 世纪 20 年代至 30 年代，由比利时建筑设计师设计的法式公寓，远看就像一只只蝴蝶相互交错。外墙是清水红砖和拉毛水泥，有浓郁的法式装饰主义风格。虽然是里弄的格局，建筑本身却是欧式花园洋房的样式，每户门前都有庭园绿化。这里曾经住过不少名人，如知名电影演员王丹凤，也接待过不少世界级的大人物，如比利时王储菲利普王子一行。现名陕南村。

陕西南路 213 号 白尔登公寓 建成于 1924 年，外立面装饰简洁，是一栋新古典主义风格的钢筋混凝土结构的 6 层建筑。建筑的中部有三个开间的落地窗台和大的阳台，建筑的两端有精致的小阳台。当年，这里的租客非富即贵。

1930 年张爱玲的父母离婚了。张爱玲随着父亲一起搬到延安中路的康乐邨居住，但是，10 岁的张爱玲还是会时常到白尔登公寓来找妈妈和姑姑。张爱玲曾感慨道："忽然记起了（逸园）那红绿灯的繁华，云里雾里的狗的狂吠。"

陕西南路 221 号 逸园跑狗场旧址 从 1928 年至 1937 年，占地面积超过 100 亩的逸园跑狗场为风光一时的娱乐场所。它由法国人邵禄、中国人黄金荣和杜月笙等人共同集资成立，其庞大的建筑为钢筋水泥结构，内外装饰均采用欧风。1952 年 4 月，逸园被改建为人民文化广场，1969 年 12 月不幸毁于一场大火。1973 年，在逸园跑狗场的废墟上重建了一个大建筑，名为文化广场。2005 年，文化广场进行了第三次重建，2011 年完工，即我们今日所见。

187

明复图书馆旧址

陕西南路 325 号 明复图书馆旧址 主楼明复楼建于 1929 年，由当时中国第一批留学生胡明复、杨杏佛等回国后发起建造。副楼是美籍华人关康才捐赠的乐乐图书楼。靠近绍兴路的 2 层小楼叫作会心楼，其线条明快简洁，有几分西班牙风格。图书馆落成时，蔡元培提议以胡明复的姓名命名该馆。胡明道 1910 年与胡适等人一起考取了庚子赔款第二届留美生，先入读康奈尔大学获文理学士学位，复入哈佛大学研究院专攻数学，获哲学博士学位，成为中国以攻读数学在国外获得博士学位的第一人。

复兴中路 1195 号 原同济德文医工学堂工科讲堂 始建于 1909 年，竣工于 1917 年。这是一座普鲁士风格的建筑，红砖墙、大斜坡屋顶、主入口的 4 根立柱支撑的阳台都是极具德式建筑特征的。整个建筑屋面的老虎窗呈半圆状，老虎窗的轮廓是起伏的波浪形，虽已逾百年之久，其精巧仍然令人赞叹。

后来，这里成为中法国立工学院的办公楼和教学楼。1946 年，当时的国民政府接手中法国立工学院，成立了"国立上海高级机械职工学校"，依然选择此处作为教学楼。20 世纪 50 年代至 70 年代，此楼不断更名。1983 年，这里成为上海机械高等专科学校的图书馆，1996 年，又成为上海理工大学的图书馆。

原同济德文医工学堂工科讲堂

现上海理工大学内的钟楼

第 17 站

漕溪北路上的徐家汇

一处繁华　因一人得名

徐光启　这个名字

赋予了这座城市最初的定义

中西文明的河流　在此交汇

徐家汇漫步示意图

191

漕溪北路

北起华山路，南至中山南二路，全长1488米。这里原是天主教机构集中的区域，现在虽已成为繁华的徐家汇商业区，但当年天主教建筑的遗痕依旧可寻。

漕溪北路201号 徐家汇圣母院旧址 始建于1868年，1929年毁于一场大火，后来又在原址重建，于1931年竣工。现在留存的这座建筑为欧式风格，钢筋混凝土结构，西山墙尖顶有小穹顶塔楼。这是中国不多见的圣母院，曾是修女们的修道处，在1869年至1949年，它总共培养了600多名修女。

漕溪北路80号 徐家汇藏书楼 创建于1847年，是上海现在最早的近代图书馆。如今的藏书楼是1860年和1897年两次扩建后的建筑。藏书楼在1956年之前为神学院专用。1956年之后，藏书楼为上海图书馆的一部分，专门收藏1949年以前出版的外文书籍，所藏的书籍包括前亚洲文会图书馆和尚贤堂的藏书。

徐家汇圣母院旧址　　　　　　　　徐家汇藏书楼的东北立面

漕溪北路周边：

南丹路 40 号 徐家汇大修道院旧址 1928 年 11 月奠基，1929 年 10 月落成，原为天主教培养神职人员的修道院。建筑为欧式风格，4 层混砖结构，立面对称分段，上有充满古典气息的巴洛克式山花作为点缀。目前，底层北侧的"汇厅"已经完成修缮并对游人开放参观，请留意，它的顶部的木制天花板、木肋条以及彩窗工艺几近完美。现为徐汇区委办公场所。

虹桥路 68 号 原徐汇公学 徐汇公学创建于 1850 年，是由天主教耶稣会在教堂旁创办的男子学校。1932 年更名为徐汇中学。

徐家汇大修道院旧址

原徐汇公学

蒲西路 158 号 徐家汇天主堂 始建于 1904 年，建成于 1910 年，全称徐家汇圣依纳爵主教座堂，是中国第一座西式天主教教堂，大堂可容纳 3 万余人做弥撒，有"远东第一大教堂"之称。这是一座仿法国中世纪风格的哥特式建筑，清水红砖墙，青灰色的石板瓦顶，南北两座钟楼高高耸立。大堂内的圣母抱小耶稣像立于祭台之巅，俯视着全堂。

徐家汇天主堂的东南立面

蒲西路 166 号 上海气象博物馆 这是在上海徐家汇观象台的建筑旧址内建立的博物馆，是集上海气象发展历史、气象藏品展示、气象科普互动等于一体的科普场馆。从 1872 年开建，徐家汇观象台对上海气象进行不间断的观测，在战争的炮火中也从未中断。

蒲汇塘路 55 号 土山湾博物馆 博物馆内的镇馆之宝为"中国牌楼"。博物馆建在土山湾孤儿院原址上，孤儿院成立于 1864 年，是中国西洋画的摇篮，许多新工艺和新技术都发源于此。如今的土山湾工艺院老楼依然在，其三楼的五间房间曾经是马相伯晚年的居住之地。

土山湾孤儿院旧址　　　　　　　　　　　　土山湾博物馆内的中国牌楼

华山路 1954 号 原南洋公学 始建于 1896 年末，与北洋大学堂同为中国近代历史上中国人自己最早创办的大学，兼有师范、小学、中学和大学完整教育体系，清末称今上海地区为南洋，故学校取名南洋公学。1921 年学校更名为交通大学上海学校。1956 年交通大学主体内迁西安，组建了西安交通大学。上海本部则成立为上海交通大学。学校临近徐家汇繁华地段，至今保存着不少优秀的近代历史建筑。华山路上的老校门初期为牌坊式，于 1935 年重建校门改为仿古宫殿式建筑，其中包括南阳公学新上院、总办公厅、体育馆和工程馆。

中院 建于 1899 年。现在看见的建筑形态是 1999 年复原大修后的样子，原本的 3 层砖木结构已改造为钢筋框架，入口有连续的拱券作为走廊。这是校园里现存最早的建筑，最初供师范班、中学部及教师办公使用。许多著名人士如吴稚晖、邹韬奋、李叔同、陆定一等都曾经在这里学习过。

新中院 建于1910年，在中院的北侧，是一座2层砖木结构的小楼，内外都有环通的走廊。这是当年非常流行的建筑风格，可供人们在廊内喝茶、聊天、观景。由于上海阴冷的冬天不适合户外活动，所以上海的外廊式建筑并不多见，新中院算是其中之一。上楼去走走，走廊的栏杆是最大的亮点，卷草花纹的栏杆很有韵味。作为校园里最早的建筑之一，它见证了这所名校的历史变迁。2002年，这里成为董浩云航运博物馆，以铭记交大的船舶史。

南洋公学图书馆 建成于1919年，3层砖木结构，清水红砖，巴洛克风格。1985年，由于包兆龙图书馆建成使用，这座老图书馆被改为档案馆使用。1995年大修之后，又成为校史博物馆和校友活动馆。

新上院 原为建于1900年的上院建筑，1954年拆除重建，改名新上院。在曾经的旧上院，孙中山于1911年12月底在就任南京临时大总统前在此演讲。现为学校的主要教学楼之一的研究生楼。3层楼有多间梯形教室。

总办公厅 建成于1933年，由中国著名建筑师庄俊先生设计，新欧洲古典主义风格，初名"容闳堂"，以纪念我国最早留美的爱国学者容闳先生。

中院

新中院

南洋公学图书馆

南洋公学新上院 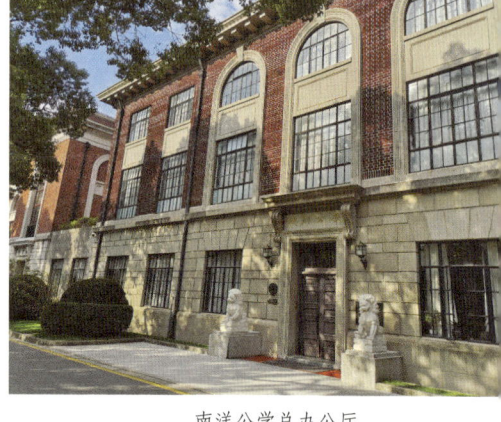　　　　　　　　　　南洋公学总办公厅

  体育馆　建于1925年，钢筋水泥结构，罗马拱券式窗户，红砖墙外立面，底层有游泳池、浴室和乒乓球室、二层有室内篮球场，南部有戏台可供演出或会议。三层有室内跑道。

  工程馆　由乌达克设计的现代主义建筑，渐进形的门框、大窗和竖线条的分割线在当年是比较超前的设计。

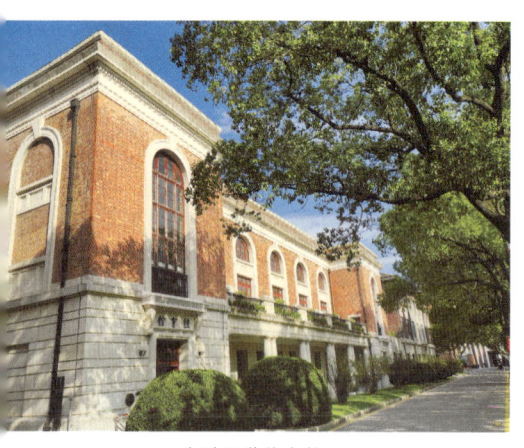

南洋公学体育馆 　　　　　　　　　　交通大学工程馆

第 18 站

梧桐树下衡山路

梧桐的四季 一条西区的老马路

曾经的风华逝去 却迎来新的历史篇章

不变的是 老房子的魅力依旧

衡山路及周边漫步示意图

衡山路

修筑于 1922 年，全长 2300 米，初名贝当路。1943 年更为今名。衡山路南接徐家汇，北接宝庆路。整条路梧桐茂盛，异国情调的老房子比比皆是。这是当年法租界最为著名的马路。

衡山路天平路口 衡山坊 衡山坊由 11 幢独立式花园洋房组成。它们建于 20 世纪 40 年代，原名树德坊，曾是上海颇具知名度的高级住宅区。2014 年 10 月，经过改造的衡山坊被新兴商业所占据，咖啡馆、画廊等现代感十足的商铺一家连着一家，很有"迷你新天地"之感。

衡山路 811 号 百代唱片旧址 建于 1921 年的法式建筑。是中国唱片业历史上第一家录音室的诞生地，众多歌手曾在此录制唱片。

衡山坊

衡山路 700 号 贝当公寓 建于 1934 年，砖混结构的现代派建筑，绿色拉毛的外立面和白色浮雕结合得完美无缺。建筑内部的楼梯更是令人赞叹。站在 6 楼，扶着精致的栏杆往下看，弧形的楼梯在垂直的空间中旋转而下，美得令人晕眩。

衡山路 534 号 原毕卡第公寓 建于 1934 年，简洁的现代派风格，钢筋混凝土结构。中间高 16 层，两边逐层跌落至 13 层和 11 层。这是衡山路上最引人注目的老公寓建筑。现为衡山宾馆。

衡山路 525 号 凯文公寓 凯文公寓有两幢建筑，北楼为主楼，建于 1933 年，南楼为副楼，建于 1932 年。北楼据说是当年俄国皇室公主在上海的避难所，属装饰艺术派风格，简洁明快，阳台的栏杆和门框的花纹很有特色。

百代唱片旧址

衡山路 311—331 号 集雅公寓 又名会斯乐公寓、乔治公寓。建于 1942 年，由中国建筑设计师范文照设计的现代派风格建筑。建筑平面呈"T"形，中部 7 层，两翼 4 层，内部有美观的三角形楼梯井。

衡山路 303—307 号 华盛顿公寓 又名西湖公寓。建于 1928 年的高层公寓，转角处的主入口门廊与建筑顶部的装饰浮雕和谐统一。

衡山路 286—290 号 沙利文公寓 又名康脱公寓。建于 1939 年，5 层的钢结构建筑，是上海的经典老公寓之一。

贝当公寓

衡山路 53 号 国际礼拜堂 建于 1925 年，近代哥特式风格，清水红砖。礼拜堂内富丽堂皇，整幢建筑呈"L"形。这是一座不分教派和国家的基督教礼拜堂，以优美的圣乐而闻名上海。

原毕卡第公寓

国际礼拜堂

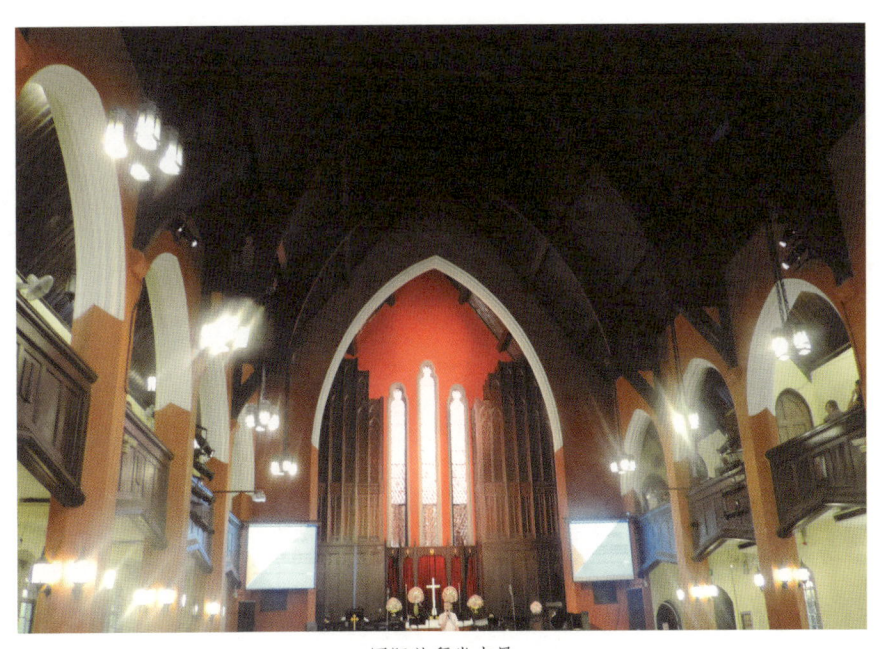

国际礼拜堂内景

衡山路 10 号 美童学校旧址 始建于 1922 年的美童学校由主楼、宿舍楼和水塔三座建筑组成，呈"L"形排布。由美国建筑师亨利·墨菲设计，整体风格主要模仿美国费城独立厅，多为清水红砖墙面。水塔造型简练高挑，风格稳重。

衡山路 9 弄 4 号 林巧稚旧居 建于 1923 年的独立式花园住宅，斜坡红砖墙的 3 层建筑，安静地立于幽静的花园里。20 世纪 50 年代至 60 年代，中国现代妇产科奠基人之一林巧稚曾经居住在这里。

华盛顿公寓

美童学校旧址

衡山路周边：

余庆路 190 号 柯庆施旧居 这是一座 1938 年建造的现代派风格的花园住宅。建筑立面简洁，阳台宽大，室内的铸铁花饰栏杆和彩绘玻璃窗是其主要看点。彩绘玻璃窗上是当年土山湾孤儿院的孩子们创作的海底鱼群。现在，这里是机关幼儿园。

吴兴路 87 号 丽波花园旧址 又名吴兴花园，原是法国东方汇理银行董事长伦敦的私家住宅，建于 1936 年，由赉安洋行设计，现代派风格，假 3 层混合结构的独立式花园住宅，外观造型层次分明。最初的使用者为英国大班伦顿，现为上海体育科学研究所。

吴兴路 96 号 挪威驻沪领事馆旧址 建于 1930 年，现代建筑风格的花园住宅，圆弧形的入口和阳台引人注目。

丽波花园旧址

附录一
苏州河边的老房子

光复路 1 号 四行仓库旧址

6 层高的四行仓库建于 1931 年,由金城银行、中南银行、大陆银行、盐业银行共同出资建造。1937 年 10 月 26 日,这里发生了一场著名的抗日保卫战,这批抗敌御侮的中国士兵被称为"八百壮士"。现为四行仓库抗战纪念馆。

南苏州路1295号 杜月笙私家仓库旧址

建于1902年,1933年连同隔壁的1305号成为杜月笙的私家粮食仓库。20世纪80年代,这里被登琨艳打造成了上海第一个由仓库改建的时尚艺术创作室。

光复路 423—433 号 福新面粉厂旧址

1912 年 12 月 19 日，福新面粉厂由荣宗敬和荣德生兄弟创建于苏州河畔。它与茂新面粉公司共同构成了中国当时最大的私营面粉集团。现为创意园区。

莫干山路50号 原上海春明粗纺厂（现M50创意园区）

光复西路17号 上海造币厂

光复西路145号 福新面粉三厂办公楼旧址
这座欧式建筑建于1916年,被称为上海民族工业的起源和发展的标本。

万航渡路1066号 圣弥额尔教堂

万航渡路 2452 号 原第八煤球厂（现 DOHO 创意园区）

万航渡路 1384 弄 12 号 湖丝栈旧址

1874 年创立的湖丝栈是加工湖州丝茧的工场和堆栈，是中国民族工业发展的始祖之一，现为创意园。

附录二

邬达克上海建筑作品遗存

1. 1920 年　美丰大楼　河南中路 521—529 号
2. 1922 年　中西女塾　西藏中路 361 号
3. 1923 年　上海花旗总会　福州路 209 号
4. 1924 年　诺曼底公寓　淮海中路 1850 号
5. 1925 年　宏恩医院　延安西路 211 号
6. 1925 年　宝隆医院　凤阳路 415 号
7. 1926 年　爱司公寓　瑞金一路 150 号
8. 1926 年　四行储蓄会大楼　四川中路 261 号
9. 1926 年　西门外妇孺医院　方斜路 419 号
10. 1940 年　花园住宅　新华路 211 弄 1 号
11. 1930 年　周均时旧居　新华路 329 弄 36 号
12. 1928 年　何东别墅　陕西北路 457 号
13. 1929 年　孙科住宅　番禺路 60 号
14. 1929 年　慕尔堂　西藏中路 361 号
15. 1930 年　广学会大楼　虎丘路 128 号
16. 1930 年　浸信会真光大楼　圆明园路 209 号
17. 1930 年　浙江大戏院　浙江中路 123 号
18. 1931 年　爱文义公寓　北京西路 1383—1341 号
19. 1931 年　吴培初旧居　石门一路 315 弄 6 号（张园东区）

20. 1931 年　息焉堂　可乐路 1 号

21. 1931 年　邬达克自宅　番禺路 129 号

22. 1931 年　刘吉生住宅　巨鹿路 675 号

23. 1931 年　交通大学工程馆　华山路 1954 号

24. 1931 年　孙科旧居　番禺路 60 号

25. 1932 年　大光明大戏院　南京西路 216 号

26. 1932 年　辣斐电影院　复兴中路 323 号

27. 1932 年　丁贵堂官邸　汾阳路 45 号

28. 1933 年　上海啤酒厂　宜昌路 130 号

29. 1933 年　四行储蓄会大厦　南京西路 170 号

30. 1935 年　中西女中景莲堂　江苏路 155 号

31. 1935 年　达华公寓　延安西路 914 号

32. 1936 年　圣心女子职业学校　眉州路 272 号

33. 1836 年　美国乡村总会　延安西路 1262 号

34. 1937 年　吴同文住宅　铜仁路 333 号

35. 1938 年　震旦女子文理学院附属圣心小学　长乐路 141 号

36. 1941 年　俄罗斯天主学校男生宿舍　长乐路 143 号

附录三

赉安上海建筑作品遗存

1. 1923 年　四联体别墅　延庆路 151、153、155、157 号
2. 1923 年　阿扎迪安住宅（Residence Azadian）　康平路 192、194、196、198 号　天平路 99—101、129 号
3. 1923 年—1924 年　科德西住宅（Residence Codsi）　延庆路 130 号
4. 1923 年　努沃住宅（Residence Nouveau）　襄阳南路 525 号
5. 1923 年　葆仁里　淮海中路 697 弄
6. 1924 年　佩尼耶住宅（Residence Peignier）　高安路 77 号
7. 1924 年　国富门路住宅　安亭路 130、132 号
8. 1924 年　福履理路 602 号住宅　建国西路 602 号
9. 1924 年　东方汇理银行住宅（Neo Normand）　瑞金二路 26 号
10. 1924 年　白赛仲路住宅（Residence de Boissezon）　复兴西路 17 号
11. 1924 年　花园住宅　乌鲁木齐中路 400 号、淮海中路 1480 号
12. 1924 年　西爱咸斯花园　永嘉路 555、557 号，527 弄 1—5 号
13. 1924 年　福履理路住宅　建国西路 620 号、622 号
14. 1925 年　韦伯住宅（Residence Ch.A.Weber）　永嘉路 571 号
15. 1925 年　东华大戏院　淮海中路 550 号
16. 1925 年　花园住宅　高安路 72、89、91、93 号　建国西路 629、631 号

213

17. 1925 年　联排住宅　永嘉路 231 号 1—10 号

18. 1924 年—1926 年　法国球场总会（Cercle Sportif Française）茂名南路 58 号

19. 1926 年　蓝布德医生诊所（Clinique Dr.Lambert）　长乐路 536 号

20. 1926 年　克莱蒙宿舍（Clement's Boarding House）　长乐路 336-352 号

21. 1926 年　恰卡良住宅（Residence Boulangerie Tchakalian）永嘉路 479 号

22. 1927 年　邵禄住宅　康平路 165 号内

23. 1928 年　圣心会修道院（Couvent des Dames du Sacre-Coeur）淮海中路 622 弄 7 号

24. 1928 年　保罗·维塞尔旧居（Villa Veysseyre）　永嘉路 590 号

25. 1928 年　白赛仲公寓（Boissezon Apts）　复兴西路 26 号

26. 1928 年　沿街建筑　淮海中路 610 号

27. 1929 年　贲安旧居（Residence Leonard）　永嘉路 588 号

28. 1929 年　花园住宅　襄阳南路 317 号

29. 1929 年　花园住宅　建国西路 323 号

30. 1930 年　亨利公寓　新乐路 142 弄 1 号

31. 1930 年　培恩公寓（Bearn Apts）　淮海中路 449—479 号兴安路 96 弄

32. 1930 年—1934 年　格莱勋公寓（Gresham Apts）　淮海中路 1222—1238 号

33. 1930 年　震旦博物馆（Musee Heude）　合肥路 411 号

34. 1930 年　黑克玛琳公寓　新乐路 21 号

35. 1930 年　亨利公寓　新乐路 15、17—19 号

36. 1930 年　西高特住宅（Residence Sigaut）　高安路 63 号

37. 1930 年—1931 年　花园公寓　南京西路 1173 弄

38. 1931 年—1933 年　雷米小学（Ecole Française et Russe Remi）永康路 200 号

39. 1931 年　方西马公寓 A（Foncim A）　高安路 50 号

40. 1932 年　法国总会（Cercle Française）　南昌路 57 号

41. 1932 年—1934 年　萨坡赛小学（Ecole Primaire Chapsal）淡水路 416 号

42. 1931 年—1933 年　方西马公寓 A、B、C（FoncimA、B、C）　高安路 50、60、62 号

43. 1932 年—1933 年　方西马公寓 D、E（Foncim D、E）　建国西路 641、645 号，高安路 78 弄 1—3 号

44. 1933 年　圣伯多禄教堂（L'Eglise Saint-Pierre）　重庆南路 270 号

45. 1934 年—1935 年　道斐南公寓（Dauphine Apts）　建国西路 394 号

46. 1933 年—1934 年　盖司康公寓（Gascogne Apts）　淮海中路 1202、1204—1220 号

47. 1934 年　巴斯德研究所实验室（Laboratoire Municipal Pasteur）瑞金二路 207 号

48. 1932 年—1934 年　中汇银行大楼（Chung Wai Bank）　延安东路 143 号

49. 1934 年　崇真教堂公寓　五原路 287 号

50. 1934 年　祁齐住宅（Residence Ghisi）　岳阳路 200 弄 1—48 号

51. 1934 年—1935 年　喇格纳小学（Ecole Primaire de Lagrené）崇德路 43 号

52. 1935 年　花园别墅　永嘉路 39 弄 1—2 号、3 号甲、3 号乙

53. 1935 年　麦兰巡捕房（Poste de police Mallet）　金陵东路

215

174 号

54. 1935 年　圣玛利亚医院男病房大楼　瑞金二路 197 号（现瑞金医院 2、3 号楼）

55. 1934 年—1935 年　麦琪公寓（Magy Apts）　复兴西路 24 号

56. 1936 年　丽波花园　吴兴路 87 号

57. 1940 年—1941 年　希勒公寓　茂名南路 106—124 号

58. 1941 年　赫尔特曼住宅（Residence for T.A.Hultman）　康平路 1 号

59. 1941 年　阿麦伦公寓（Amyron Apts）　高安路 14 号

后记

　　终于到了写后记的时候，心里却有几分忐忑：这本用脚步丈量出来的漫步指南，是否能完整地表达自己的初衷？

　　整整两年，与上海的老房子朝夕相处，各种兴奋、各种辛苦，皆是美丽的享受。

　　建筑是凝固的音乐，它的美融在城市的交响乐中。我常常在想，谁能够将老房子的美丽，用文字、用图片、用历史的追溯完整呈现出来呢？

　　就在今天上午，我又一次来到淮海中路的瑞金公寓前，为这幢建筑第一次按下了快门。我曾经无数次从它的面前走过，总是步履匆匆。而今天，我决定将这本书的最后一幅图像留给它，向建筑大师邬达克致敬。

　　从小在这座城市长大的我，已走过知天命之年。怀旧与欣赏之情，促使我在电脑上画出了一张上海老房子的徒步游览示意图。没想到这份示意图竟然供不应求，有一位美籍华裔老太太看了后甚至潸然泪下。这是我写作此书的起点与初衷，我要让更多的人看见上海美丽的黄金时代，让那些远离故土的人能寻见曾经的记忆，也让更多的年轻人了解上海的历史。

　　去年12月，我在邬达克纪念馆偶遇一对来自斯洛伐克的母女。在交谈中，她们问我：为什么会那么喜欢邬达克和他的建筑作品？

　　我想，这份喜欢首先源自对这座城市最真挚的热爱。倘若没有这份挚爱，又怎么会有那连续两年多反反复复流连在上海大街小巷的身影呢？

　　这本书写完了，我期待着自己将来对上海的历史和建筑能有更深的了解，也渴望有更多人读到我的书。

吴飞鹏

2016年10月15日于上海寓所

修订版后记

一座城市的记忆总是与老房子有关的，有老房子就有故事，有故事就有叙述老房子以及它的城的历史的兴趣和必要。更何况，那些与这座城市息息相关的人，总是深爱着自己的城。他们总有了解自己城市的愿望。他们可以在文字、电影和戏剧等不同形式的活动中感知城市的历史和体悟时代的变迁，而在城市的漫步更是与这座城市最好的贴近方式。

2012年，当我开始漫步上海老房子的时候，我根本没有想过会出版一本书。那时候，我一心想画出一张上海老房子的手绘地图。几乎每天，我都会带着笔记本穿街走巷。老房子的地址、老房子的建筑特色、老房子里曾经的故事、老房子的建造日期，都是在马路上．弄堂里一一观望和即时记录在笔记本上的。当那些曾经熟悉的老房子和不曾见过的老房子扑面而来的时候，那种兴奋感真是不曾有过。遗憾的是，当我对上海的老房子有了基本的了解和着手绘制老房子示意图的时候，才发觉困难如此之多，简直不太可能完成。

2014年，我终于放弃了手绘地图而改为在电脑上绘制，一下子便利了许多，动动鼠标就可以在地图上调整方位和颜色，文字的样式和建筑的图案都可以得到理想的呈现。那是一张很大的地图，它让我觉得一座城市的老房子的历史就铺陈在我的面前。城市的肌理、城市的布局清晰可见，我忽然意识到自己不仅是城市老房子的爱好者，还是城市地图的爱好者。

2015年，我有了写一本《漫步上海老房子》的想法，因为有电脑绘制地图的些许经验和一张上海老房子的完整地图，我决定以示意图的形式按主要的马路及其周边来写一本上海老房子的漫步指南书。也许，这就是我和我的读者能在城市漫步的缘起。

2017年1月，《漫步上海老房子》有幸在生活·读书·新知三联书店正式出版。没有想到这本书很受读者欢迎，特别是喜欢上海老房子的读者，就连海外的不少朋友也托人购买，很快就销售一空了。这本书甚至受到盗版商的"青睐"，目前市面上充斥的大多为盗版。为了给读者提供正规的版本，也为了更新和修正本书的内容，于是就有了这个修订版。

修订版《漫步上海老房子》更新了首版的全部示意图，新增复旦大学、上海交通大学、华东政法大学校园内老建筑的介绍，并将这几年新挖掘的档案资料补充进来。另外，还有不少这几年在城市更新中翻修的老房子，以及新开辟的新形式的公共空间，都会在这本修订版的书中有所体现。如上生新所、夏衍旧居等等。建筑师邬达克早已为人所知，而另一位留给上海众多老房子的建筑师赉安也应该让世人知晓。本次修订，附录中除保留介绍邬达克在上海设计的建筑作品，新增了介绍赉安在上海设计的建筑作品。

《漫步上海老房子》是一个系列的书，已经出版的《漫步上海老房子——外滩篇》算是它的姊妹篇。希望读者通过阅读这些书并在漫步上海老房子之后对上海这座城的历史和文化有所认识和感悟。

吴飞鹏

2025 年 3 月 29 日于上海寓所